だれでもできる

環境家計簿

これで、あなたも〝環境名人〟

本間 都

藤原書店

消費者主権の国をめざして――「はじめに」にかえて

海を渡って白い紙が舞ってくる
赤い紙が、黄色い紙が、青が、紫が、橙色が、
キラキラ輝きながら次から次へと舞ってくる。
紙には、よその国の、よその思想の、よその言葉のメッセージが、
世界の消費者から、日本の消費者に宛てて書かれている。
「私たちは、こう考え、こう行動し、こう改革する。
あなたは、どうなの」
私たち日本の消費者も、キラキラ光るメッセージを送りたいのだが。

この国にはまだ、強い消費者はいない。
この国には、消費者の権利はない。
だって、法治国家のこの国に「消費者基本法」はないもの。
この国は「消費者の権利」を明記する法はないもの。
この国の消費者は保護されるべき弱い存在でしかない。

この国の最大の消費者法は「消費者保護法」だもの。
経済先進国、だけど、消費者権利後進国日本、
消費者が弱くてもだれも自立を助けてはくれない。
モノに振り回される愚かな「裸の王様」消費者は、
権力者の思う壺、意のままに利用される。

日本の消費者よ、強くなろう。
日本の消費者よ、憎まれ者の、暴れ者の、口たっしゃの、
自分の足で立って、自分の頭で考えて、自分の手で生活をがっしり摑む、
強い消費者になろう。

いつか、日本の言葉で書いたメッセージを、世界に送りたい。

この本は、このように思って書きました。
日本の消費者が強くなるための、一つの手段、それが環境家計簿です。

だれでもできる　**環境家計簿**

／

目次

消費者主権の国をめざして——「はじめに」にかえて　1

第1章　電気——初歩的な環境家計簿1　9

第2章　水——初歩的な環境家計簿2　55

第3章　ごみ

本文イラスト＝本間 都

だれでもできる　環境家計簿

――これで、あなたも〝環境名人〟――

サア　歩いてごらん

第1章 電気

初歩的な環境家計簿1

1　なにはともあれ、つけてみる

環境家計簿をつけてみましょう。

環境家計簿って何だ、とか、環境家計簿ってなぜするの、とか、中には「それってむつかしいんじゃないの」と後込みする人もあるかもしれません。

あれこれ思いわずらう心はこの際サラリと捨てて、まずつけてみることです。何事もやってみなければ始まりません。

家計簿ならだれでも知っています。家計簿は衣食住居費、光熱水道費、交通通信費、医薬費、保険料、小遣いなど出費のすべての項目にわたって、もれなく記入します。ところが環境家計簿は、家計簿と違ってすべてを記録しなくてもいいのです。電気の環境家計簿にしようと思う人は電気だけ、同じようにガスでも水道でもごみでも、自分がしようと思うものを一つでも二つでも好きに選んでつければいいのです。

家計簿はだいたい毎日記入します。一々つけるのは面倒だから、今日の分も明日まとめてつけよう、などと考えていると、翌日は「えーと、昨日は何にいくら使ったっけ」と思い出せなくなったりします。毎日続ける、これがたいへんで、「三日坊主の典型はなあーに」「それは日記と家計簿」なんてことになります。

ところが、環境家計簿は毎日つけなくてもいいのです。電気やガスや水道は月に一

回、ごみはごみ収集日につけます。

あまりお奨めはできませんが、忙しかったり忘れたりして月一回できなくても、たいていは後でちゃんと記入できます。でも、できるだけ定期的にやって下さい。

いちばん基本的なのが「電気の環境家計簿」です。それを例にとって、つけ方を覚えましょう。

2 手始めは初歩的な電気の環境家計簿

だれでも気軽につけられる、かんたんな環境家計簿をご紹介しましょう。

表1は初歩的な電気の環境家計簿です。**コラム1**の説明にしたがってさっそく始めましょう。

何分かかるか、時間を測って下さい。

さて、四月分の環境家計簿はつけ終えました。かんたんですね。慣れると五分もからないでしょう。これが一カ月分の作業です。

記録表を見ると、今月どれだけ電気を使ってどれだけ炭酸ガスを出したか、今年は去年の同じ月に比べてどうだったかということがわかります。

「数字は語る」。数字から暮らしぶりや環境へのやさしさの度合い（エコ度）が見えてきます。季節変化、家族の出入り、客の滞在、家族旅行などわが家の出来事が、数字になって現れてきます。このように記録表は、つける人にとって家族のいろいろな思い出を映し出します。

去年より電気をたくさん使った月は、家族の中に何か変化がありました。赤ちゃんが生まれたり、親と同居したり、お客があったり、大型電化製品を買ったり。

赤ちゃんによってどれだけのエネルギー消費が生じるか、これも貴重なデータです。何しろ日本の赤ちゃんは、一生の間にアフリカの赤ちゃんの約八〇倍ものエネルギーを使うのだそうですから。

一方、前年より電気代が大幅に減ることもあるでしょう。省エネ型冷蔵庫の購入、夫の単身赴任、夜更かし勉強の受験生が大学合格と共に家を出て下宿するなど。

ふだんとくに意識することのない家庭の習慣やライフスタイルが、環境家計簿によって客観的に把握できるようにもなります。

こうしてつけている間に、だんだん節電の習慣が身についてきます。

ところで、あなたの家族は、あなたが環境家計簿をつけ始めたことを、知っていますか。電気は、家族全員が使います。あなた一人が節電しても、それは家族の中では何分の一に過ぎません。

節電も節水も、家族全員ですると効果的です。家族のみんなに、

コラム１　初歩的な電気の環境家計簿のつけ方

１　用意するもの

・表１の初歩の電気記録表（コピーしてもよい）
・最近の電気の領収書
・エンピツかシャープペンシル（書き間違っても訂正しやすい）
・消しゴム
・電算機

２　つけ方

①電気の領収書は何月分ですか。４月なら記録表の４月の欄に、次のように記入していきます。
領収書の「使用量」を見て下さい。私の領収書では 200kWh（キロワット時）です。その数字を、記録表の「電力消費量」の４月の欄に記入します。
②領収書をよく見て下さい。どこかに「前年同月分の使用量」が記載されています。私の領収書には 240kWh と記されています。それを記録表の前年同月消費量の欄に記入します。
③電気料金を記入します。
④「CO_2発生量」という欄がありますね。これが環境家計簿のたいせつなところです。

> 発電のため石油や石炭やガスを燃やすと、炭酸ガス（CO_2）が発生します。CO_2は地球温暖化という大きな環境破壊の原因の一つです。節電するとCO_2の発生が減ります。

自分が使った電気で出したCO_2の量は、次の計算式で出せます。

CO_2発生量（kg）＝電気使用量（kWh）× 0.12

（計算例）私は 200kWh の電気を使いました。

200 × 0.12 ＝ 24

私の家庭で４月の電気消費量から発生したCO_2は、24 kgということです。この数字を４月のCO_2発生量の欄に記入します。

表１　初歩的な電気の環境家計簿の記録表

	使用量 （kWh）	前年同月使用量 （kWh）	電気料金 （円）	炭酸ガス （kg）
１月				
２月				
３月				
４月				
５月				
６月				
７月				
８月				
９月				
10月				
11月				
12月				
合計				

「環境家計簿をつけることにしたから、できるだけ協力して」と伝えておきましょう。そう告げておくと、あなたが節電している姿が家族の目に映るたび、ああ、そうそう、と家族も自覚が生まれて協力してくれるようになるでしょう。

3 節電の始めはまめにスイッチを切る習慣

節電しないで、記録表につけるだけでは、何の効果もあらわれません。それでは、大しておもしろくもないし、あまり意味もありません。

節電をして、その効果が直ちに環境家計簿に現れるのを見てこそ、やりがいがあります。

私の家庭の電気使用量は、前年の四月は二四〇キロワット時で、今年は二〇〇キロワット時、前年に比べて四〇キロワット時減っています。

「おっ、去年より一七％も節電できたぞ」

この感動がうれしいのですね。

節電しながら記録表をつけると、だんだん電力消費量が減って、電気代が安くなります。それだけ炭酸ガスを減らして、環境にやさしい生活をすることにもなります。しぜんに、楽しみや励みが出てきます。

ソックス一足で
びっくりするほど
暖房が節約できる

節電というたいせつな問題が見えてきました。節電するにはどうしたらいいでしょう。要するに、電気を節約すればいいわけですね。

あなたの中に、節電とはケチくさい、面倒くさいというイメージがありませんか。電化製品を使うたびに、あれもこれも節電することを考えていると、わずらわしくなって、それこそ三日坊主になりかねません。

節電は、初めから百パーセント完全にキッチリやれるものではありません。あんまりコマゴマし過ぎると長続きしません。

たった一つでもいいから、一年三六五日続けることが大切です。そして三六五日続けた行動は習慣になって、しっかり身につきます。一つを完全にマスターしてから、次の節電行動に進むようにすれば、むりなく実践できます。

方法としては、節電マニュアルをつくって、マニュアルを意識しながら、節電の習慣を養うのがいいでしょう。むりなく実行できそうな自分流マニュアルを作りましょう。初級マニュアルの実例は、**コラム2**を参考にして下さい。

その中で一番かんたんにできることから実践しましょう。

節電マニュアルの第一項目、それは、

「使わないとき、電源を切る」

これだけです。

コラム2　節電マニュアル初級

①使わないとき、電化製品のスイッチを消す。

②電化製品を購入するときは、省エネ型を選ぶ。

③冷暖房はひかえめにする。

④待機電力を減らす。

⑤熱源はなるべく電気以外を利用する。

たったこれだけのことでどれだけのムダが省けるか、目安になるいくつかの例を挙げてみましょう。

4 真夏の昼下がり

夏です。テレビは甲子園の高校野球を中継しています。主婦は、電灯をつけた部屋で、エアコン冷房して、テレビを観戦しています。そのうち洗濯物を取り込む時刻になりました。そろそろトイレにも行きたくなってきました。

主婦は立ち上がりました。

さあ、ここからです。

主婦は電灯、テレビ、エアコンを消して部屋を出るでしょうか。

主婦たち二〇～三〇人が集まった環境講座で質問してみました。

「こんな場合、あなたは電灯を消しますか」

手をあげる人はゼロ。

「エアコンを消しますか」

これもほとんどゼロ。たまに一人。

「テレビを消しますか」

二～三人。

環境問題に関心がある人たちの集まりでさえ、このていどです。

トイレに行って、洗濯物を取り入れて、立ったついでに思いついた家事にチョッと手を取られて、この間一五分。だれもいない明るい部屋はよく冷えて、観る人のないテレビから聞く人のない喚声。

この不在の間にかかる電気代はどれくらいでしょうか。**表2**を見て下さい。

浪費型だと、これだけで冷房する期間だけでも、約一、〇〇〇円のお金を捨てていることになります。捨てたお金は、だれかが拾って役立ててくれるかもしれませんが、この場合は限りあるエネルギー資源を減らし、炭酸ガスを増やしているわけですから、いいことは何もありません。

省エネ型家電の選び方や、使い方の工夫は後で書きましょう。

子どもたちは、エアコン暖房の自室で、テレビの音楽番組を聴きながら、パソコンに向かっています。テレビは居間のより少し小型で、パソコンの電源はいつも入れたままです。

「ご飯よ」

と階下からお母さんが呼びます。

「はあい」

と子どもは自室から出ます。

表2　電灯、クーラー、テレビを15分間つけた時の電力消費量

	省エネ型家電を工夫して使う場合			平均型家電を工夫せず使う場合		
	照明（蛍光灯30W）	テレビ（32型）	エアコン（冷房弱）	照明（白熱灯120W）	テレビ（32型）	エアコン（冷房強）
電力消費量	7.5Wh	43Wh	121Wh	30Wh	64Wh	298Wh
電気代	約4円			約9円		
CO_2発生量	約80g			約180g		

こういうときにどうするか、教室でたずねてみました。

「電灯消す？」

ゼロ。

「エアコン消す？」

チラホラいるかな。

「テレビ消す？」

一〇人のうち二~三人は消していませんでした。

家族と夕食を食べて、ちょっとおしゃべりをして、一時間後に自室にもどりました。この間つけっ放しの電気代を計算してみましょう。**表3**がそれです。

二人兄妹で二人共毎日こんなことをしていると、冬期は月に一、三八〇円の電気代のムダ、六キログラムのよけいな炭酸ガスの発生になります。

ムダなケースはこれだけには限りません。日常いたるところで、使っていないのにスイッチオンになっている電化製品は、かなりあるはずです。

部屋を五分以上不在にするときは、使っていた電化製品のスイッチをオフにしましょう。これが節電の第一歩です。

日本で初めて組織的に環境家計簿運動を実践し、継続して統計をとっている団体があります。関西生活協同組合連合会（関西生協連）の組合員たちです。使わない電気を

表3　電灯、テレビ、エアコン暖房の１時間の消費電力

	照明 （蛍光灯30W）	テレビ （28型）	エアコン （暖房６畳用）
電力消費量	30Wh	167Wh	791Wh
電気代	約23円		
CO_2発生量	約119g		

まめに切ることを節電マニュアルのトップに掲げて実践したところ、たいていの家庭で五〜一〇パーセント、中には三〇パーセントの節電ができました。

生協の組合員の中でも、とくに環境家計簿をつけてみようかなと思う人たちは、すでに環境にやさしい暮らし方を心掛けているでしょう。一般家庭よりも、ふだんから節電に努めているはずです。そういう家庭で、これまでの節電の上になお五〜三〇パーセントの節電ができたことは、使わない電気を消すだけで、大きな節電効果があることを示しています。

言いかえれば、ムダな電気のつけっ放しが、どんなに多いかということです。

ところで、部屋を出るとき、まめにスイッチオフにしようとしても、遠隔操作用のリモコンがあちこちバラバラにおいてあると、たいへんです。そこで、エアコン、テレビ、ラジオ、電灯、コタツなどの全てのリモコンを、一カ所に入れる容器を作ります。ハンカチなどの平たい紙箱のフタとミとを重ねて、セロテープで止めます。紙は軽いし二重箱は丈夫なので、持ち運びしやすく、けっこう長持ちします。紙製なのであたりがソフト、リモコンも傷みません。手近な卓にのせて、いざというとき、手を伸ばしてスイッチをチョンチョンチョンと押すだけ。習慣になると、立つとき反射的に手が伸びるようになります。

5 マンションは一日中冷蔵庫

学生マンションに住んでいる大学生から、こんな話を聞きました。

「ぼくが住んでいるマンションは全部で八室あるんですけど、朝、大学に行くとき、どの部屋もみんなエアコンをつけて出るんです」

「えっ、なぜ？ 夕方帰るまで、一日中つけっ放しってわけ？」

「部屋に帰ったとき、夏はムーッとして暑いじゃないですか。冬はとっても冷えているでしょう。あれがイヤなんです。つけておいたら、帰ったとき快適でしょう」

「それ、ずいぶん電気くってると思うけど」

「マンションの電気メーターは共同なんで、電気代は定額徴収されてるんです。だから、どれだけ使っても電気代は同じだから」

「電気代をいくら払っているの」

「月一万円です。水道光熱費は家賃といっしょに払うので、実家に帰省する休暇中も徴収されます。母は電気代が一万円もするって、びっくりしていました。『大家さんが取り過ぎてるんじゃないの。うちはお父さんと二人で七、〇〇〇円もかからないわ』って言ってました。マンションのみんなも、電気代が高過ぎると思ってます」

「大家さんの取り過ぎじゃなくて、多分つけっ放しのエアコンのせいよ。ちょっと計

算してみましょうか」

学生マンションの住環境に沿って計算したのが、**表4**です。

表4　学生マンションのムダな冷房の電力消費の算出条件

	冷　房	暖　房
不在使用期間	2.6カ月	4.5カ月
不在時間（8:30〜17:30）	1日9時間（全702時間）	1日9時間（全1,215時間）
設定温度	27℃	20℃
居室環境	木造、南向き、洋室、8畳大	
機　種	最新型エアコン標準型（省エネ度が高い）2.5kW　8畳用	
9時間の電力消費量	約6.1kWh	約7.8kWh
期間中電力消費量	約476kWh	約1,053kWh
9時間分の電気代	約140円	約179円
期間中電気代	約11,000円	約24,000円
9時間のCO₂発生量	約730g	約936g
期間中CO₂発生量	約59kg	約126kg

あなたの家庭のエアコンが、どれくらい電気を消費しているか、この表を参考にして下さい。何げなく使っているエアコンの消費電力を知りましょう。

一般家庭で冷房は、六月初旬から九月中旬まで約三・六カ月使われます。夏休みで学生が帰省したり旅行する期間を一カ月として、この場合約二・六カ月エアコンを使うとします。

暖房は、一〇月下旬から四月上旬まで五・五カ月使

われます。こちらも冬休みと春休みを合わせて約一カ月留守にするとして、使用期間を四カ月半とします。

あなたの家庭では、標準より長く使っていますか。それとも短いですか。

学生たちは、毎朝八時半に学校に出掛け、夕方五時半に帰宅するとします。留守の時間は九時間です。

冷房の設定温度は27℃にしました。

この条件で、毎日エアコンのスイッチを入れておくと、いったいどれくらいの電気を消費することになるでしょう。

電気代で説明するのがわかりやすいと思います。

表4によると、毎年冷房で一一、〇〇〇円、暖房で二四、〇〇〇円、合わせて三五、〇〇〇円のお金をムダに支払っていることになります。八室分は二八万円です。大家さんが八室の学生から徴収する電気代は、年間九六万円です。二八万円はその約三割にあたります。不在中のエアコン使用をやめれば、一〇、〇〇〇円の電気代はたちまち七、〇〇〇円に減らせるではありませんか。

これで放出した炭酸ガスは、一室で年間一八五キログラムです。毎年、一つの部屋から学生三人の体重分、出なくていい炭酸ガスが昇天しているのです。マンションの全八室からは、二四人分の炭酸ガスが昇天しています。

これは、最新の省エネ型エアコンを使用している場合の計算です。石油ショックの前とか、地球温暖化が深刻な問題になっていなかった頃つくられた古いエアコンは、省エネタイプでないため、もっとたくさんの電気を消費します。

こんな電気の使い方をしている学生たちは、部屋の電灯を消し忘れたり、見ていないテレビをつけていたりすることも多いでしょう。

これでは大家さんはたまりません。長期休暇で不在中の電気代までしっかりもらわなければ、やっていけないでしょう。

学生全員が不在中の冷暖房をやめ、使わない電化製品のスイッチを切るようにすれば、マンションの電力消費は驚異的に減り、大家さんも喜んで電気代を大幅値下げしてくれるだろう、一度みんなで話しあってみたら、と助言しました。

この例は、大きな二つの意味を持っていると思います。

一つ目は、電気を使うことがあまりにも当たり前になってしまって、私たちの社会全体がむとんちゃくに使い過ぎているということです。ビルやお店がいつでも冷暖房されているのに慣れると、自室だっていつでも冷暖房していて当たり前という感覚になるのではないでしょうか。

二つ目は、電化製品についての知識の片寄りです。これだけ電化生活が進んでいるのに、それを日常利用している国民は、どちらかと言えば便利さやデザインに目を奪われて、かんじんの電力消費量に目を向けることが少ないようです。

一つ目にはおいおい触れるとして、二つ目と節電とのつながりを眺めてみましょう。まめに消す習慣の次は、「放っておいても節電できる方法」です。そのためには、電化製品をよく知り、上手に使いこなすことです。

6　電気をよく食う家電は何か

これまでに挙げた表を見ると、電化製品には電気をよく食うものと、あまり食わないものがあります。

例えば、**表2**を見ると、同じ一五分間で、エアコンは電灯の一六～四〇倍も電気を消費しています。

表4を見ると、同じエアコンでも、暖房は冷房より三割増近い電気を消費しています。

洗濯物を取り込みに立つとき、だれも電灯は消さなかったのに、テレビを消した人は二、三人いました。電灯を消してもあまり節電効果はないけれど、見ないのにテレビをつけておくのはもったいないと感じるくらい、テレビが電気を消費することを知っているからでしょう。

実際に計算してみると、一五分間の電気代は、一五ワットの電灯で〇・四円ていどで、32型テレビでは一・五円でした。

ところが、テレビよりもっと電気をよく食うエアコンを消す人はほとんどありませんでした。洗濯物を取り込みに行くときは、たいていの人が二、三分で部屋にもどるつもりで立ちます。スイッチを入れた瞬間に大量の電気が流れるエアコンは、短時間内に点けたり消したりしない方がいいとされます。また、エアコンは冷房28℃とか25℃とか設定温度にしてあって、室温が設定温度になると自動的に休みます。テレビはスイッチが入っている限り、ずっと画面を映して休みません。

ちょっと部屋を出るとき電灯を消さなかった主婦が、一方では「またトイレの電気を消し忘れてる。だれよ」とか「ケンちゃん、スタンド消して降りてきた？　電灯つけっ放しにしないでね」とか、じつに細かくなります。ささやかな電力消費でも長時間続ければ大きなムダになることを知っているからです。

電機屋さんに行くと、

「この新型の冷蔵庫は省エネ型です。これにすれば、電気代がお安くなりますよ」

と店員はすすめるでしょう。ところが、ドライヤー売り場では、

「従来は一、二〇〇ワットが主流でしたが、近頃は強力なのが好まれます。業務用はないかとおっしゃるお客さまもおいでです。この一、四〇〇ワットのはいかが」

冷蔵庫は省エネ型をすすめられ、ドライヤーは消費電力の大きいのをすすめられ、これを矛盾していると思わずに客は聞いています。

冷蔵庫は二四時間つけっ放し。同じつけっ放しなら、消費電力が少ない方がおトクです。ところが、ドライヤーは短時間の使用。洗い髪を乾かすのに一、二〇〇ワットで二〇分かけるよりも、一、四〇〇ワットで一五分で終わらせる方が、時間も電気も節約できるかもしれません。

効果的な節電をするには、それぞれの電化製品についてよく知ることが、たいせつです。そして、できるだけ消費電力の大きい電化製品を節電する方が、小さいのを節電するより効果的です。

ここで挙げた例から考えると、その電化製品がどれだけ電気を食うか、ということは、三つの要素から判断できることがわかります。

①定格消費電力

私たちが日常的に「一五ワットの電気スタンド」とか「二キロワットの電気ストーブ」などと言う、いわゆる消費電力のことです。

②使用時間

ドライヤーを二〇分かける、洗濯機は三〇分で洗える、テレビは一日五時間見る、といった使用時間です。

③実行率

テーブルにおいた お父さんのお給料袋知らない？ さあ〜

エアコン冷房を28℃に設定しておくと、室温が28℃になったとき自動的に一時休んで、室温が上がると再び働きます。冷蔵庫やコタツなども同じです。スイッチオンしている時間中どれだけ働くか、というのが実行率です。

家電の電力消費量は、この三つを用いて計算されます。その式が**コラム3**です。定格消費電力が定まっていて、実行率一の家電、つまりスイッチをオンにしている間、休みなく電気を使い続ける家電の計算は、一番かんたんです。電灯はその典型です。**コラム3**を見て下さい。

一五ワットの蛍光灯で計算してみましょう。毎日二〇時間使うと、月に九キロワット時、年に一一〇キロワット時の電気を消費します。電気代は月に二〇七円、年に約二、五三〇円です。

一五ワットの蛍光灯と同じ明るさの白熱灯は六〇ワットです。同じように使うと、月に三六キロワット時、年に四三八キロワット時の電気を消費します。電気代は、月に八二八円、年に九、九三六円かかります。

蛍光灯は、白熱灯よりも年に電気代を七、〇〇〇円以上も節約でき、五キログラム近く炭酸ガスの発生を減らします。

「放っておいても節電できる方法」とは何か、だんだんわかってきました。それは省

コラム3

家電の電力消費量＝定格消費電力×使用時間×実行率

＊ 15ワットの蛍光灯の場合

(15ワット×20時間×１)×365 ＝ 110キロワット時

＊ 60ワットの白熱灯の場合

(60ワット×20時間×１)×365 ＝ 438キロワット時

エネ型の電化製品を使うことですね。

7　白熱灯より蛍光灯

家電の中で、電力消費量がダントツ大きいベストスリーは「エアコン」「冷蔵庫」「照明」です。その割合は**図1**の通りです。

エアコンと冷蔵庫はナットクですが、照明についてはどうでしょうか。

表3によると、蛍光灯は三〇ワット時なのに対し、わりと小型のエアコンでも七九一ワット時と、二六倍もの電気を消費しています。そのエアコンと照明が肩を並べてベスト入りしているのに、だれも変だとは思いませんね。

エアコンは主に夏と冬しか使わないのに対して、照明は年中ほとんどつけっ放し、使用時間が圧倒的に長いことを誰でも知っているからです。

さらにエアコンは温度設定されており、その室温になると休みます。冷蔵庫も同じです。つまり、実行率が低いのです。けれども照明には途中のお休みはありません。ここにも、違いがあります。

そして数です。家中にいくつ照明があるか、試しに数えてみて下さい。電灯一つ一つの電力消費量は小さくても、全部あわせると大きくなります。その一つ一つを省エネ型にすると、大きな節電になります。

図1

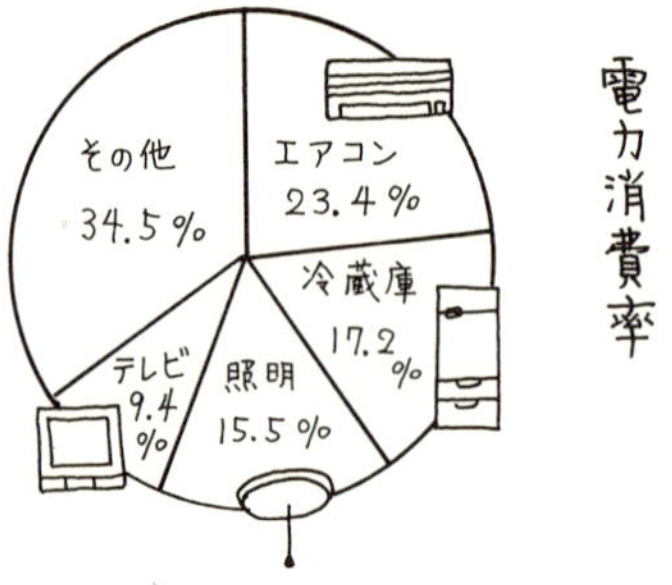

前にも書いたように、一五ワットの蛍光灯と六〇ワットの白熱灯は同じくらいの明るさです。

明るさだけではありません。蛍光灯の寿命は六、〇〇〇時間ですが、白熱灯の寿命はずっと短く一、〇〇〇時間です。蛍光灯の方が六倍も長持ちするのです。

でも、蛍光灯よりも白熱灯の方が室内照明としては、やわらかく感じられ、温かみがあっていい、という人もあるでしょう。球形の蛍光灯があるのを、ご存じでしょうか。これは、白熱灯に似たソフトな光を放ち、しかも、白熱灯の四分の一の電気代ですみます。

このように、白熱灯でなく蛍光灯を選んで買うと電気は少なくてすみます。いわば使うたびに、節電を励行しているようなものです。

これが「放っておいて節電できる方法」です。

放っておいて節電できる楽チンな生活をしようと思う人は、家電を買うときが勝負です。エアコン、冷蔵庫、テレビなどの耐用年数は一一年、洗濯機や掃除機などは六年ですが、実際は修理してもっと長期間使います。買うときに、うっかり省エネ型を選びそこなうと、あとあと何年もソンをしてしまいます。

省エネ性マーク
この表示がある製品を選んで買いましょう
エアコン、蛍光灯、テレビ、冷凍・冷蔵庫が対象

8　省エネ型とそうでないのとではこんなに違う

大手の電機屋さんの店頭にズラリと並んでいる家電。私たちはともすれば、色、使い勝手、デザインなどに目が走りがちですが、カタログを手に取って消費電力量もしっかりチェックして下さい。

同じ容量の冷蔵庫でも、A社、B社、C社……すべて消費電力が違うことに気がつくでしょう。大手メーカー八社の標準タイプ冷蔵庫（四〇一～四五〇リットル）の一七機種を比べてみたところ、消費電力が大きい製品と小さい製品では二倍以上も差がありました。もちろん電気代も倍以上の差です。

同じメーカーの容量が違う製品を比べてみました。ふつう誰でも大きい冷蔵庫の方が、小さい冷蔵庫より電気をたくさん食うと思うでしょう。おどろいたことに、小型の二五〇リットルの冷蔵庫は、標準型の四五〇リットルより電気代が一・三倍以上高くつくことがわかりました。

例をあげると、年間の消費電力量は、A社製品で小型二五〇リットル型は五五一キロワット時で、標準四五〇リットル型は四九二キロワット時です。電気代は、小型が一二、六七三円で標準型が一一、三一六円です。

標準型タイプが最も省エネ化が進んでいます。

冷蔵庫本体の価格は大きいほど高いですから、一人暮らしでも標準型を買えとまでは申しませんが、冷蔵庫のように長く使い続ける電化製品を購入するときは、消費電力量を計算したり、将来の生活設計を考えたりして、かしこく選びましょう。

冷凍庫が大きい機種は、多忙な家庭では便利なようですが、大きい分だけよけいに電気がかかることも覚えておきましょう。

冷蔵庫のように、買ったら最後まで電源を切ることのない家電は、わずかな消費電力の差も軽視できません。

最近、私は、大手の電機屋さんで冷蔵庫をすすめられたことがあります。

「今日、B社の新型冷蔵庫が発売されましたので、昨日まで新型として売っていた同じB社の冷蔵庫を最新型より七万円安くしました。おトクですよ」

とのこと。

新旧を比べても、デザインはほとんど変わらず、しかも価格は二〇万円台の商品で七万円の差。飛びつきたいような話です。そこをグッとこらえて、新旧二つの冷蔵庫のカタログをもらって帰り、調べてみました。

地球温暖化の原因である炭酸ガスを減らそうと、毎年、世界各国は温暖化防止会議を開いて話しあい、それを受けてメーカーは電化製品の省エネ化を進めています。新製品の方が、古い製品より消費電力は少ないはずです。

電化製品のカタログには、年間の消費電力量や電気代が明記されています。カタログで、二つの冷蔵庫の消費電力を比べると、やはり新製品の省エネ度が進んでいました。新製品を買うと、炭酸ガスを出す量は明らかに減りますが、でも、シブチンの主婦にとって七万円はあきらめがたい。

冷蔵庫の耐用年数は一一年とされていますが、実際は一二年あまり使われます。新型と旧型それぞれの一二年間の電気代を計算してみました。すると、新型と旧型の電気代の差は、七万円よりもはるかに大きいことがわかりました。

七万円に釣られて買っていたら、使用後半の五年間は電気代をソンするところでした。長い目でみると、省エネ度の高い新型を買う方がトクだとわかりました。

そこで私が、その新型を買ったと思われますか。帰宅して、台所に踏ん張っている冷蔵庫を見たら、とても捨てるにしのびなくなりました。今では、この古い冷蔵庫の電力消費量は平均をはるかに上回っているでしょう。でも、石油ショック直後、この冷蔵庫を買った月から、わが家の電気代がいきなり月一、〇〇〇円も安くなった感激は忘れられません。あの石油ショックが家電の第一次省エネ化時代のはじまり、そして温暖化危機の今が第二次省エネ化時代です。

廃棄冷蔵庫に使われていたフロンが、完全に回収処理されているとわかるまで、もうしばらく老骨をきしませながら働く、このけなげな冷蔵庫にがんばってもらおうと

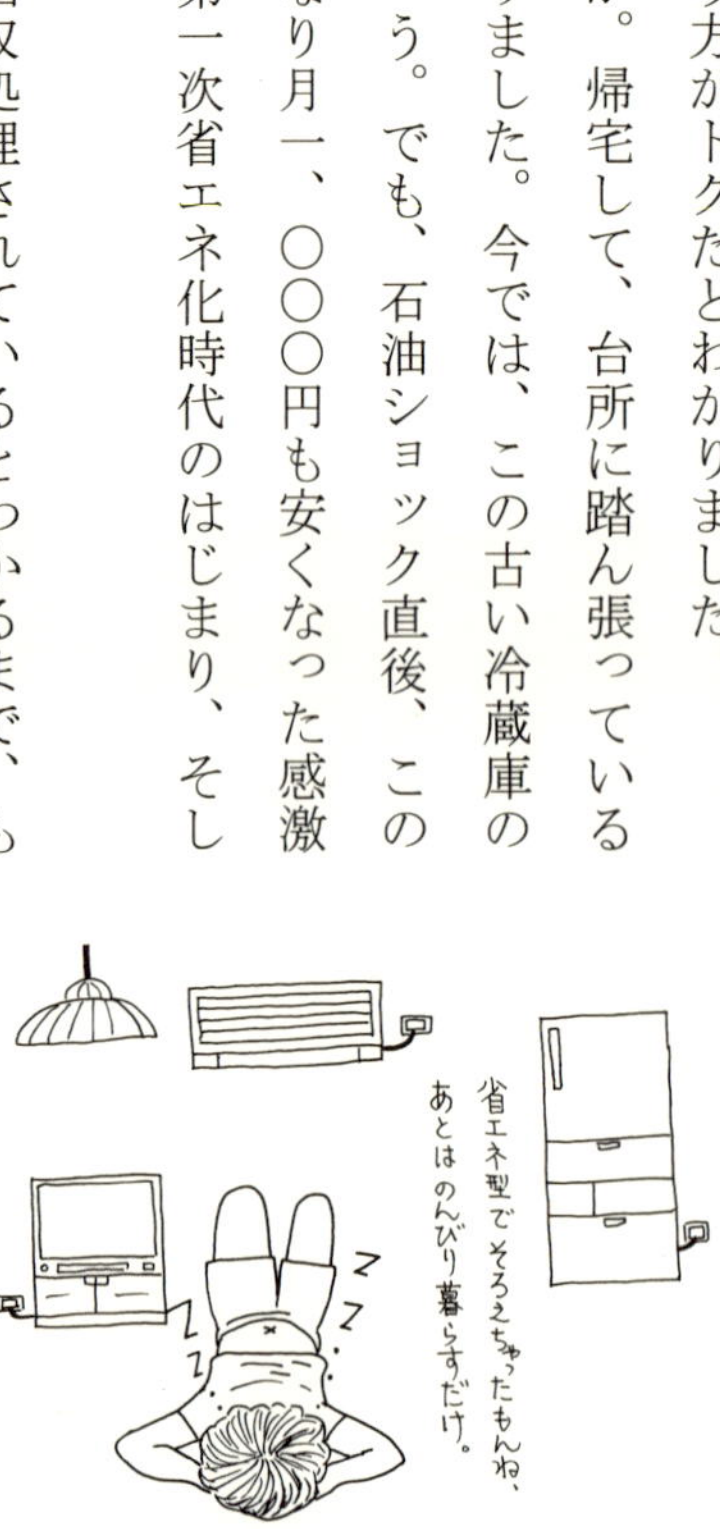
省エネ型でそろえちゃったもんね、
あとはのんびり暮らすだけ。

思っています。

9　冷房は27℃、暖房は20℃で

表2を、もう一度ごらん下さい。

「省エネ型家電を工夫して使う場合」、「平均型家電を工夫せず使う場合」とありますね。それぞれの電気代が倍も違っています。もちろん炭酸ガスを出す量も倍違います。

省エネ型家電の見分け方は、カタログの消費電力量や電気代の欄を参考にすることもわかりました。

余談ですが、カタログをしっかり見る習慣がつくと、気づくことがあります。どうして消費者にとって最もたいせつな情報を、小さく読みにくく載せるんでしょう。使い勝手、カラー、サイズ、安い電気代などは、大きく前面に打ち出してあるのに、消費電力量など、まるで読んでいらないみたいな載せ方。製品が毎日食う電気です。消費電力量はもっと大きくわかりやすく書いてよ、と小さい数字を目で追っているうちに、だんだん腹立たしくなります。

見かけと価格を宣伝の目玉にしているのは、これまで消費者がそれを基準に選んでいたからでしょう。カタログの不備に腹を立てるよりも、企業に「日本の消費者意識ってこの程度」と見くびらせた私たち消費者も反省すべきかも。

さて、カタログを見て、省エネ型を選んで買いました。

次は使い方の工夫です。

先に、消費電力の大きい家電を重点的に節電するのが効果的だといいました。

図1によると、エアコンは消費電力が家電中トップ、使用量全体の四分の一近く電気を食っています。エアコンの上手な使い方を工夫しましょう。

表2のエアコンのところを見ると、工夫して使った場合の電力消費量は一二一ワットで、工夫しないと二九八ワット、倍以上の差です。

これは、設定温度による差です。冷房の設定温度は27℃で、暖房は20℃で、と覚えておきましょう。冷房は28℃だと、なおけっこう。

冷房は低いほど電気を食いますし、暖房は高いほど電気を食います。

冷房でいえば、温度を1℃上げると電力消費量が一〇パーセント減るといわれます。

設定温度34℃と28℃とでは、倍の差がついてくるわけです。

27℃ではあまり涼しくないと感じる人は冷房中毒症。エアコンは、外気温が35℃のときに27℃に設定して使用するのが平均的な使い方です。冷やし過ぎないで、27℃に慣れて下さい。

エアコンより扇風機を使えば、電気はグッと減らせます。最近は、扇風機が再びよく売れているそうです。

扇風機よりウチワを使えば、さらに節電になります。

マンションの高層階に住んでいる友人は、エアコンはあるけれど使ったことはない、といいます。日中は勤めに出ているし、夏は帰宅するとすぐベランダに面した戸を開け放って、風を通します。地上数十メートルを吹き渡る風は涼しく、高層階なので窓を少し開けて寝ても不用心ではありません。

「冬はね、マンションって便利なのよ」

と、友人は笑います。友人宅の上下左右どの家庭も暖房しています。その余熱のせいで、友人の部屋は暖房しなくても、コタツだけで充分過ごせるのだそうです。あたたかい隣人のおかげで、彼女はずいぶん電気代を節約しています。

10 待機電力を減らす

使わないときでも電源が入ったままで、電気が使われ続けている電化製品が増えてきました。

この電気を待機電力といいます。そして、待機電力は、家庭の電力消費量の一〇パーセントにもなるそうです。

わかりやすい待機電力といえば、テレビです。テレビにスイッチを入れると、すぐさま画面と音声が出てきます。待機電力が働いていて、魔法のランプじゃないけれど、

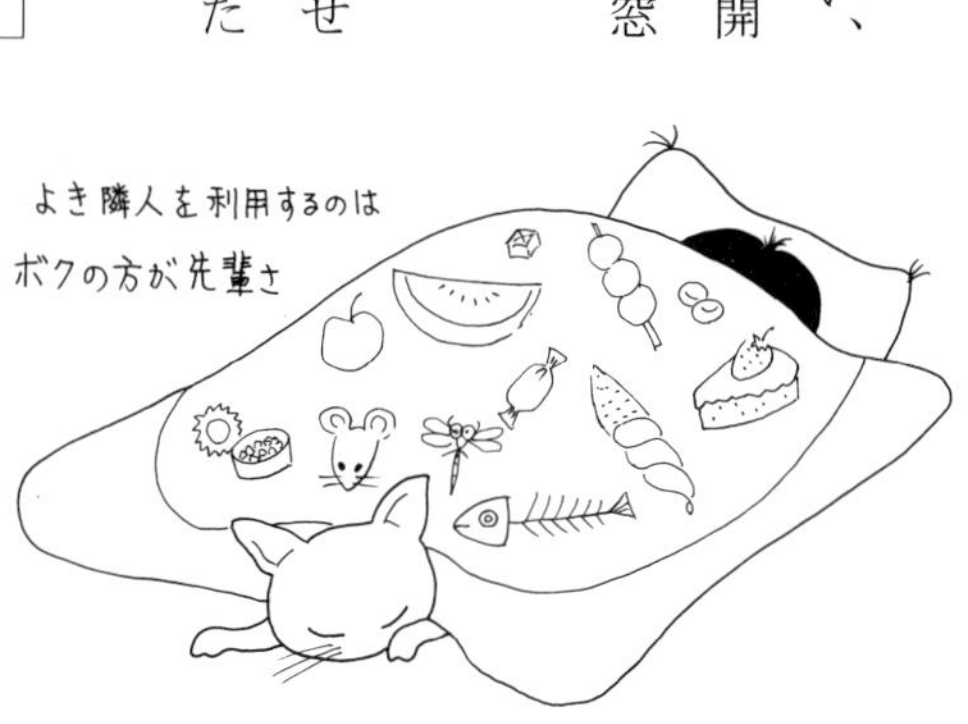

お呼びがあるとただちにお役に立ってくれるのです。

スイッチを入れて画面が出るまでの数秒がもどかしいからといって、何時間も電気をムダに消費するのはどうでしょうか。一つの家庭ではとるに足りない電気量であっても、日本中では大きな量になります。

日中は別として、少なくとも寝る前にはテレビのコンセントからプラグを抜いて、起床後ふたたびプラグを入れると、毎日数時間は節電になります。

電話の場合はどうでしょう。

留守番電話やファックスは、不在だからといって電源を切るわけには行きません。パソコンやビデオも、使い方によってはそうですね。

待機電力を使う電化製品には、テレビのように電源を消すことのできるものもあれば、電話のように消せないものもあります。

それを見極めて、消せるものは消すようにしましょう。

まず、アラジンのランプの大男のように、いつもスタンバイしている待機電力があります。ご主人様の指示を今か今かと待って、あればすぐさま対応します。テレビ、電子レンジ、ビデオ、ＣＤステレオ、ワープロ、パソコン、電話などがこれに当たります。このグループは、使う人の判断や使い方によって、電源を切っても差し支えないものがあります。

しかし、どうしても電源を切るわけにいかないグループがあります。いつも電気を流しておくように作られた製品です。電気を切ると役立たなくなります。保温便座、寒い地域で給湯器の凍結を防ぐためのヒーター、ジャーやポットの保温、髭剃り機や電話子機の充電などです。

このグループの待機電力をなくそうと思えば、使わないしかありません。

温水洗浄トイレでは、便座が保温されています。この保温の電力消費量がなかなかあなどれないのですね。

あなたはときどき便座のフタを閉じ忘れませんか。フタのあるなしでは、便座の温かさも消費電力も違ってきます。また、設定温度を「高」にするのと「低」にするのとでは、ずいぶん電気代に差があります。

使用後はフタをして、設定温度を「低」にすると、年に数千円から使い方によっては一万円もの電気代が節約できます。

「夏はいいけど、冬の便座が低温では、どうもね」

と思われる方に、次のような便座カバーはいかが。

市販されている貼り付け式の便座カバーです。便座をくるむタイプの便座カバーは、洗浄式トイレでは使えません。そこで、便座の上部に貼り付けて使用し、洗濯もできるカバーが出てきました。これを使えば冬でも設定温度を「低」にしておけます。

電気シェーバーや子機を使うか使わないか、消費者の選択の問題です。

電気炊飯器の残りご飯は保温しておきますが、保温は意外と電気を食うものです。六時間の保温は、一回の炊飯と同じくらいの電気を消費します。

ご飯は食事のたびに炊くのが、おいしくて、経済的で、環境にやさしいということです。

実際には、生活パターンもあって、何回も炊けない人があるでしょう。朝炊いたご飯を夕食にも食べる、夕食に炊いたご飯を朝食べる、こんな家庭も多いでしょう。その場合は、炊飯器のプラグを抜いておき、食事のときに食べる分だけ電子レンジでチンするのが経済的です。

ポットにいつも熱いお湯が沸いていて、飲みたいときすぐにお茶やコーヒーが飲める、便利ですね。でも、これはほんとうにいいことでしょうか。

私は次のように考えて、湯沸かしポットは使っていません。

水道水には、消毒用塩素が入っているので、加熱すると塩素がトリハロメタンという発がん性物質をつくります。ヤカンでお湯を沸かすとき、沸騰したらフタを取り、火力を少し弱めて、夏二〜三分、冬三〜四分グラグラでなくボコボコていど沸かし続けると、トリハロメタンは蒸発して、おいしくて安全なお湯になります。レンジはできるだけ電子レンジでなくガスレンジを使いましょう。

ふっとうしたら フタをとって
弱火で三、四分
それでトリハロメタンは蒸発

古い型の湯沸かしポットにはトリハロメタンの出口がないので、蒸発したトリハロメタンは再びお湯の中にもどってしまいます。今では、蒸気抜きがついているポットが販売されていますが、ヤカンの開口部に比べトリハロメタンの出口面積が小さいのが気になります。

私は、安全な水を飲むために、そして節電のために、お湯はほしいときにほしいだけ、そのつど沸かしています。座り仕事の合間、ちょっと体を動かしてボコボコしているのは、気分転換になっていいものです。

だれでも自分流のライフスタイルがありますね。そのライフスタイルに沿って、自分に合ったエコライフを創っていきましょう。

書くのが後になりましたが、大切なことが一つあります。電化製品についているスイッチをオフにすれば電気を切ったことになる、と思っている人がけっこうあるようですが、そうではありません。

製品のスイッチだけでは、コードを通って電気は製品の中にまだ流れています。コンセントからプラグを抜いてはじめて電気は流れなくなります。スイッチオフにすれば、それで電気を消費しなくなる電灯のような電化製品もありますが、全部がそうではありません。

ここでいう「電源を切る」とは、「プラグを抜く」ということです。

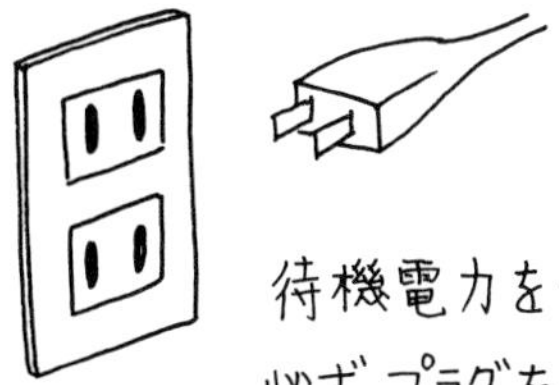
待機電力をやめるには
必ず プラグを抜くこと

さて、一〇パーセントの待機電力のうち、あなたは何パーセント減らせるでしょうか。寝る前にテレビや電子レンジのプラグを抜くことから、まず始めてみませんか。

11　熱源としての電気は、最も不経済

冷房は27℃、暖房は20℃を設定温度として、エアコンの電力消費量を調べてみましょう。

省エネ化が進んでいるメーカー製品と、そうでもないメーカー製品とでは、電力消費量がかなり違います。例えば、Ｃ社のエアコンは冷房で五六キロワット時、暖房で一三一キロワット時なのに対して、Ｄ社のエアコンでは冷房で一一七キロワット時、暖房で二五八キロワット時の電気を消費します。

このように、メーカーによって省エネ度は違っても、冷房より暖房の方が電気をたくさん消費するのに変わりはありません。

そうと知って確かめると、アイロン、ストーブ、ドライヤーなど熱を使う家電はワット数が大きいし、便座や炊飯器の保温のための電力消費量は軽視できません。

費用から見ても、灯油やガスに比べて、電気は高くつくエネルギーです。冷房にはエアコンを使っても、暖房は石油ファンヒーターにする家庭が多いのは、そのためです。

電気はどのようにしてつくられるのでしょうか。

日本では、電気の六〇パーセントが火力発電でつくられます。火力発電は、石油、石炭、天然ガスなどの燃料を燃やして、その熱で水を水蒸気にし、水蒸気の力でタービンを回して発電します。

この時、石油などを燃やした熱は、すべて電気になるわけではありません。排熱といって、使われずに捨てられる熱があります。

火力発電では、電気になる熱は四〇パーセントに過ぎず、六〇パーセントが捨てられています。ちなみに原子力発電では、三五パーセントが電気になり、六五パーセントが捨てられます。

温暖化危機の時代です。大量の炭酸ガスを出しながら燃やしたせっかくの熱を、こんなに捨ててしまっては、もったいないことこの上なしです。その熱を何かに利用できないものでしょうか。排熱を再び発電に利用したり、暖房に使ったり、温水を利用したり、でもまだ実用化は一部に過ぎません。

失われるエネルギーはそれだけではありません。日本海側の新潟から太平洋側の東京まで、列島を横断し長々と伸びる電線によって電気は送られます。同じように若狭湾から京阪神まで、送電線はえんえんと走っています。電線は、日本中網の目のように張りめぐらされています。

長い長い電線の旅。送電の途中でも、電気は失われます。これを送電ロスといい、

約五パーセントもあります。

このように、発電の熱エネルギーのうち、実際に私たちが電気として使えるのは、半分にもならない三〇～三五パーセントです。

熱エネルギーを電気にするのに、その熱の六五～七〇パーセントも捨ててしまう、このムダ。その電気をまたもや、わざわざ熱にして使うことの繰り返しのムダ。しかも、熱源として使う場合は、明かりや動力や冷房として使うよりも、ずっとたくさんの電気を消費する、この重ね重ねのムダ。

節電マニュアルの二番目「電気はなるべく熱源として使わない」とはこのことです。ガスや石油を、上手に併用しましょう。

日本列島から吐き出される炭酸ガスは約三億トン、地球全体が出す炭酸ガスの約五パーセントにあたります。

日本の炭酸ガス排出量の最大原因は火力発電で、全体の三〇パーセントを出しています。

炭酸ガスの発生を減らすために、温暖化防止世界会議では、各国が削減目標をかかげて実践することを約束しました。

そこで、電化製品のメーカーは、省エネ製品の開発につとめ、工場やオフィスでも環境マネジメントをして、節電節水リサイクルなどを実施しています。

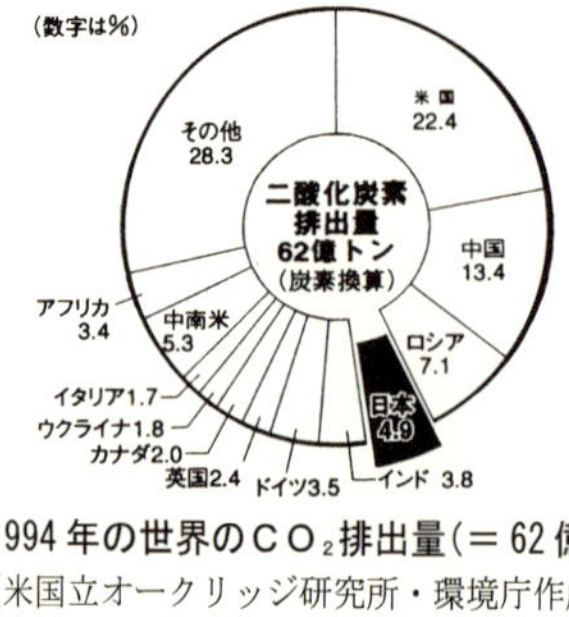

1994年の世界のCO_2排出量(＝62億トン)

(米国立オークリッジ研究所・環境庁作成)

大阪府庁に行ったとき、用事が長引いて正午になりました。すると突然、室の電灯が消えて、正午休みを告げるアナウンス。一瞬おどろきましたが、そうか、府庁は国際環境規格「ＩＳＯ一四〇〇一」の認証を取ったエコオフィスだった、と気づきました。休憩時間には電灯を消して、省エネもし、仕事のメリハリもつける、いいことだと思います。でも、まだ用事なかばの私は、「なんだか、客を追い返すみたい」と少しむくれましたが。

その年度、庁舎は、節電によって電気代を二、〇〇〇万円節約したということです。

このように行政もまた省エネを実践しています。

行政、企業とくれば、家庭だって足並みそろえなくちゃ、と思いますね。今、いちばん省エネ努力が足りなくて、電気使用量を減らすどころか増やしてきたのは家庭です。

12　新しい世紀のエネルギー

たくさんの炭酸ガスを出しながら、かぎりある石油や石炭を燃やして電気をつくる火力発電に、いつまでも頼っていていいものでしょうか。

また、遠方に大きな発電所を建て、そこから長い長い送電線を通じて、せっかくの電気をロスしながら送ることが、果たして理にかなっているでしょうか。

電化生活が当たり前になっている私たちには、これまで想像もしなかったことがあります。世界で、電気のある暮らしをしている人より、電気のない暮らしをしている人の方が多いという事実です。

その国では、電気がいらないのではなくて、みんなが電気を使えるだけの発電所がほしくても建てられないのです。

このような発展途上国に対して、先進国は発電所をつくる援助をしてきましたが、それは自国の発電所と同じような大きな発電所でした。

大きい発電所に長い送電線となると、なかなか工事がはかどりません。完成しても、事故や故障があると、すぐには修理回復できず、しょっちゅう停電しています。

それに、今でさえ炭酸ガスを出し過ぎているのに、先進国が節電しないまま、途上国にも大きな火力発電所を増やしていったら、地球はどうなるでしょう。

もっとクリーンで安全な無限のエネルギーはないものでしょうか。

新しい世紀は「小さい発電所」の時代である、といわれるようになってきました。

また、「自然エネルギーの時代」とも言われるようになってきました。

最も小さい発電所は、一家庭に一つの発電機です。わが家のエネルギーはわが家でつくってまかなうのが、いちばんムダがありません。

小さい発電所の排熱は、同じ屋内や近隣だとすぐに暖房や温水に利用できます。長い電線もいりませんから、送電ロスもありません。災害が起こったとき、広い地域が

かんしゃくもちのエネルギー
一家に一台発電機

停電になって困ることもありません。

電気は自分でつくる方が安上がりであることは、発電機をおいて電気を自給している工場が、増えてきたことからもわかります。そんな会社は、余った電気を電力会社に売ったり、排熱を工場の中で利用したりしています。

発展途上国も、大きな発電所一つよりも、早く安くつくれる「小さい発電所」をたくさんつくる方が適しています。

小さい発電所のいいところは、人との関わりが深いことです。

自分の家の、自分の村の、自分の地域の電気をつくってくれるたいせつな発電所ともなれば、みんなが大事に使うようになるでしょう。小さい機械なら、操作や修理も覚えやすいでしょう。

私たちは、自分のことだけでなく、電気の恩恵に浴していない発展途上国の人々のことも念頭において生活しましょう。

炭酸ガスの発生をともなう大きな発電所を、地球上にこれ以上増やしたいとは思いません。それでも、人類がみな平等に電気の恩恵に浴することができるようにしたい、と思う心は変わりません。

平等に使うには、私たちが浪費している電気を少しでも減らし、自然エネルギーの利用を増やしながら、発展途上国の人々と分かち合う心がたいせつです。

13　自然エネルギーに注目

炭酸ガスを出さないクリーンエネルギーとして、無限の自然エネルギーが注目されるようになってきました。

これまでは、火力、原子力、水力が発電の主流でした。

しかし、これからは、風力、太陽、バイオマス①、地熱、水素②、海洋③などの自然エネルギーが台頭してくるでしょう。

自然エネルギーは、人の手で管理できる火力や原子力とちがって、自然現象を利用するので「おテントウさま任せ」、計画的に行かないところもあります。

電気の使用量は、一日のうちでも時間によって大きく変わります。大半の人が寝ている夜の使用量は少ないし、昼間は増えます。

季節によっても変わります。よく言われますね、「夏の甲子園」の午後、クーラーをつけてテレビを見る人が増えるので、電力消費は一年中のピークに達するって。アメリカでは、テレビの人気ドラマの放映時間に、電力消費がピークになったという記録があります。

電力消費は時間によって山と谷の差がはげしいのに、電気は余った分を残しておいて、足りないときにそれで補うということができません。貯められないのです。

①**バイオマス発電**
生物資源による発電です。間伐材、木屑、ワラなどを燃料に使う発電が一般的にバイオマス発電と思われていますが、広い意味では、ごみ焼却、糞尿や生ごみが出すメタンガス、動植物油なども入ります。

②**水素発電**
アポロを月まで運んだのが燃料電池で、水素と酸素から電気と水をつくりました。今はメタンから水素を取り出していますが、水の電気分解で水素の抽出を容易にする技術が開発されれば、無限の水資源に支えられた自然循環型エネルギーになります。「一家に一台、燃料電池」の将来が有望になる発電法です。

③**海洋発電**
波の上下運動や、海面に浮かべたブイの中の空気の動きによって生じる

力でタービンを回します。海面と深層の温度差を利用し、アンモニアを温めたり冷やしたりして、気化及び液化を繰り返し、タービンを動かし発電する方法もあります。

だから、ふだんは不必要なほど大きな施設をつくっておいて、いざというとき、すぐ発電できるように待機させておかなければなりません。

見方を変えると、基本的な最低必要量をいつも安定供給できる施設と、変動に応じて増減できる施設との両方の組み合わせがあればいいことになります。

発電量が管理できる火力発電と、あるていど「おテントウさま任せ」の自然エネルギーのいくつかを組み合わせて、使えばいいのではないでしょうか。そうすれば、かぎりある石油や石炭も長持ちさせられます。

ところで、安定供給用に原発を使ってはどうか、という声があるかもしれません。でも、私は原発は節電につながらない点でも、問題ありと思っています。

原発は動かしたり止めたりすると事故を起こしやすいので、いったん発電を始めたら故障でもないかぎり、絶対に止められません。だから、安定供給できるし、炭酸ガスを出さないのでいいと思われるかもしれません。

でも、ちょっと考えてみて下さい。

原発は大きくて、建てるのにも火力発電の二倍のお金がかかります。発電量も火力発電と比べようもなく大きくなっています。

モトのかかった大量の原発の電気をムダに捨てるわけにはいかないと、電力会社は考えます。そこで、事業所も家庭も電化させて、何が何でも電気を売ろうとします。

おわかりでしょう。原発の電気を供給の基本量にしたら、この基本量が、どんどんふくれ上がる方向に進まざるを得なくなります。

基本量が増えると、変動量の方もしぜんに増えます。

原発を建てれば建てるほど、基本量が増えます。そこで何が起こるでしょうか。

変動に対応しやすい火力発電が増えるのです。

原発は止まったら、早くてもまる一日は動きません。事故ともなると、どれだけ止まりっぱなしになるか、わかりません。原発に頼ることは、事故も想定しなければなりません。その意味でも、火力発電がいっそう増えます。

原発の電気を基本とした高度な電化社会は、節電できない社会です。

原発を基本にするエネルギー社会と、自然エネルギーと火力発電を基本にするエネルギー社会とのどちらを選択するか、という地点に私たちは立っています。

衣類の素材を木綿、麻、絹、合成繊維などから自由に選べるように、電気も火力発電、水力発電、原発、太陽光発電、風力発電、バイオマス発電などから、消費者が自由に選べるのが当然でしょう。

また、野菜をスーパーで、八百屋さんで、生協で、産地直販で、あるいは自家菜園で、それぞれ自由に手に入れるのと同じように、電気も、大手電力会社から、新規中小電力会社から、電力会社でなくても発電機を備えた工場から、生協などの協同発電

施設から、または自家発電によって、それぞれ好きなところから手にいれられるようにすべきでしょう。

そうすれば、電気はもっと安く、もっと安全で、もっとムダがなくなります。

消費者もできるところから自分たちでやっていこうとする動きがあります。

北海道や京都など各地で、仲間でお金を出しあって、自分たちの望んでいる風力や太陽光発電の施設を増やす運動です。

環境家計簿をみんなでつけ、節電して浮かせたお金を資金にして、風車を建てる運動があります。風力発電の電気を電力会社に売り、風車を増やしてクリーンエネルギーの供給に役立てようというのです。

協力しあって、NGOのために建物を使わせてくれる施設の屋根に太陽光パネルをつけよう、という運動もあります。幼稚園や集会所の屋根ならお天気がいいと一日五〜六キロワット時、一戸建の屋根で一・五〜二キロワット時を発電します。日本の家庭は一日一・五キロワット時も使うでしょうか。余った分は電力会社に売れますね。

ささやかな運動ですが、このように日本は、市井の片隅から少しずつ変わりつつあります。一人一人の小さな節電や自家発電が日本中に広がれば、電力革命を起こすほど大きな成果がもたらされるようになるでしょう。

電気の環境家計簿をつけながら、環境家計簿の向こうに、エネルギー革命という大きなテーマがあることを、ぜひ念頭において下さい。

14 初級ができたなら

以上、初歩的な環境家計簿のつけ方と、とっつきやすい節電の方法を書きました。節電方法のおさらいをしてみましょうか。マニュアルの初級に挙げた項目の一つ一つを、説明文を思い出しながら、頭に入れて下さい。

①不在のとき、使わないとき、電化製品のスイッチをこまめに消すこと。
②電化製品を買うときは、カタログを見て消費電力量をたしかめ、省エネ型を選ぶ。
③冷暖房はひかえめにする。
④待機電力を減らす。
⑤熱源には、なるべくガスや灯油を使い、電気を使わないようにする。

はじめは、とにかく要らないときはスイッチを消すことを心がけながら、かんたんな環境家計簿をつけて下さい。

半年なり一年経ったところで、つけてきた環境家計簿を改めてみて下さい。

何か、見えてきました。

つけっ放しをどれくらいやめたら、どれくらい電力消費量が減ったか、自分なりの節電のやり方でどのていど効果があったか、ということがほぼつかめるようになりました。自分のエコ度や省エネレベルを、記録表の数字によって客観的に把握できるようにもなりました。

いつの間にか、部屋を出るときスイッチを消したり、エアコンや便座の設定温度に気を配る習慣が身についているでしょう。

そのまま、初歩の環境家計簿を続けるのもいいでしょうが、できれば、この半年あるいは一年の経験をもとにして、本格的な環境家計簿に切り替えてはどうでしょうか。

環境家計簿は、年頭の一月から始めなくても別にかまいません。始めた月から一二カ月続ければいいのです。いつでも切り替えられます。

初級の環境家計簿は、本格的な環境家計簿をつけるための、エクササイズでもありトレーニングでもあります。しかし一方、私は初級そのものがまた、独立した環境家計簿であると思っています。

できたら本格的な環境家計簿に進んでほしい、でも時には息切れして本格派が続かなくなるかもしれない、そんなときは、また初級にもどって続けてほしい、と願っています。

環境家計簿は、続けることがたいせつです。なぜたいせつか、ここでは早急に結論を出さないことにしましょう。それは一人一人が経験を通じて実感することだからです。

もし、あなたが自分は平均より電気をたくさん使っているのかいないのか、知りたいならば、巻末資料を見て参考にして下さい。この資料は本格派の環境家計簿をつけた場合、自己監査を行うときの参考資料としても役立ちます。

本格的な電気の環境家計簿のつけ方は、第五章に載せました。

次の章は、初歩的な水の環境家計簿です。電気といっしょに、こちらもぜひつけてみて下さい。

第2章

水

初歩的な環境家計簿2

1　初歩的な水道水の環境家計簿

水の環境家計簿をはじめるにあたって、真っ先に家族に告げておきましょう。

「節水に協力してね。水の環境家計簿をつけるから」

って。理由は、電気の場合と同じです。

表５は、初歩的な水道水の環境家計簿です。

コラム４を参考にして、つけてみましょう。

つけ終わりましたか。

電気と同じく、水道水の初歩的な環境家計簿も、二カ月分をほんの数分か十数分でつけられるでしょう。電気と水道水との両方をつけても、そんなに手間はかかりません。ぜひ、両方共やってみて下さい。

かんたんな節水マニュアルを説明する前に、ぜひ知っていただきたいことがあります。

水の環境家計簿はとても地味です。あんまりパッとしないので「ナーンダ、これではつけてもつけなくても、そんなに変わりないじゃないか」と、思われるかもしれません。

どんなに地味かというと、めざましい成果が上がる印象がうすいのです。電気の場

コラム４　初歩的な水道水の環境家計簿のつけ方

1　用意するもの

・表５の初歩の水道水の環境家計簿（コピーしてもよい）
・エンピツかシャープペンシル
・消しゴム
・電算機

2　つけ方

①水道水の領収書は何月分ですか。１、２月なら、記録表の１、２月の欄に、次のように記入していきます。
②水道水の「お知らせ」伝票には、電気やガスのように「前年同月使用量」を記してある市町村と、記入していない市町村があります。
記入がない場合は、前年の領収書を見て使用量を記入して下さい。前年のが残っていない場合は、一年間環境家計簿をつけ、来年から前年使用量を記入します。
③水道料金を記入します。
④「炭酸ガス（CO_2)」の欄には、次の計算式で得た数字を記入して下さい。

上水のCO_2発生量（kg）＝使用水量（m^3）× 0.037

下水のCO_2発生量（kg）＝使用水量（m^3）× 0.037

〈計算例〉私は31m^3の水道水を使いました。

31 × 0.037 ＝ 1.147

私の家庭は１、２月の使用水量から1.147 kgの炭酸ガスを出しました。

表５　初歩的な水道水の環境家計簿の記録表

	水道使用量（㎥）	前年同月使用量（㎥）	水道料金（円）	上水の炭酸ガス発生量（kg）	下水の炭酸ガス発生量（kg）
1, 2月					
3, 4月					
5, 6月					
7, 8月					
9, 10月					
11, 12月					
合計					

合、初めてつけた人だとびっくりするくらい節電になることが多いので、とても励みになります。

ある家庭では、スイッチをまめに消しただけで、三〇パーセントも節電できた例があります。その家庭では、これまで月三万円払っていた電気代が、いっきょに二万円になりました。「子どもたちが自室の電気をまめに消すようになったおかげよ。だから、お小遣いを一、〇〇〇円ずつアップしてあげたわ」と、節約にもまして子どもたちの意識改革ができたことに、親は大喜びでした。

電気代は水道代より高いので、節約できる金額が大きい、それがうれしくて励みになるのですね。

水ではどうでしょうか。

三一立方メートルの水を使った私の家庭の一、二月の水道代は、五、六五四円でした。一カ月分はその半分の二、八二七円です。一〇パーセントの節水で、約三〇〇円ていどの倹約にしかなりません。

電気といっしょに水の環境家計簿をつけていると、何となく比べてしまって、水は一見、成果がうすい、やりがいがないように思えてきます。

そこで、なぜ水の環境家計簿をつけるのがたいせつか、なぜ続けることが必要か、それを少し書きたいと思います。

2 水の環境家計簿でも電気が問題？

日本の水道の普及率は九四パーセント、世界一です。井戸がある家でも水道を引いて、飲み水、炊事、洗濯、風呂など用途によって、水道と井戸とを使い分けています。

日本の水道は、まさに国民のかけがえのない生命の水です。また、日本ほど水道水を安心して飲める国はほかにない、と言われます。とくに、水道局の行政マンたちが、胸を張ってよくそう言います。

たしかに、日本の水道水は、最近クリプトスポリジウム[①]やレジオネラ[②]というやっかいな病原虫があらわれるまで、生でもいちおう安全な水でした。日本の浄水場は、病原菌をなくすために徹底した水の消毒をしています。おかげでコレラや赤痢などの伝染病の発生は驚異的に日本列島から消えました。

日本中、蛇口をひねるだけで、いつでもどこでもほしいだけ、衛生的な水が自由に手に入ります。

ところが最近、水道水の味が悪くなったという声が聞かれるようになりました。消毒のカルキの臭いが気になるという人もいます。

そこで、水の環境家計簿とは、水環境にからめて水質のよしあしを記録するものだ

①**クリプトスポリジウム**
水系感染症の病原虫です。海外では死者を出し、わが国でも発病しました。小腸で繁殖し腹痛や下痢を起こします。体外に出るときは、オーシストという胞嚢に保護され、浄水場で塩素消毒をしても死にません。予防法は水道水を煮沸して飲むことです。

②**レジオネラ**
水系感染症の病原虫です。空調冷却水、噴水などの飛沫から呼吸器系に入り、夏風邪や肺炎に似た症状を起こします。風邪や肺炎と誤診して処置を誤ると大事に至り、海外では多数の死者を出しています。風呂の温度が増殖には適温なので、二四時間風呂などは気をつけましょう。

と、思いがちですね。

実は、水道水の環境家計簿は、水質ではなくて、自分の使った水道水がどれだけの電気を消費し、どれだけの炭酸ガスを出したかを記録するのです。

水道料金というからには、なんとなく料金全部が水代だと思ってしまいますね。水代にちがいはないのですが、水道料金の中には、まじりけなしの水代と呼べるもののほかに、水道水をつくるためにかかったもろもろの費用が、すべて含まれています。

「まじりけなしの」水代とは何を指すのでしょうか。

日本の水道水は、川を約七割、地下水を約三割、水源にしています。

ここでいう川には、湖や沼も入ると思って下さい。水道事業では原水としての川、湖、沼などを「表流水」、つまり地表を流れる水として、ひとくくりに扱っています。

地下水を水源として使う場合、水代は要りません。無料です。

しかし、川から水道原水を取る場合は、お金を払わなければなりません。水利権というものがあるのです。例えば、大阪府営水道は、淀川から何トンの水を何円で取ることができる、という権利です。このように、水道原水に対して水道事業体が払うお金、これが水道料金の中の水代です。

水道料金の中でかんじんの水代が占める割合は、水道事業体によって違いますが、水道だから水代がいちばん多いだろうという、一般の予想は当たりません。

川の水は
電気をたくさん使って
水道水に加工する

実は電気代、人件費など、ほかの費用の方が、水代よりずっと多くかかります。

3　節水は節電なり

ご存じのように、水道料金は自治体によってまちまちです。高い市町村もあれば、安い市町村もあります。

また水質もまちまちです。

原水に井戸水を使っている水道水もあれば、川の水のもある、井戸水と川水のブレンドもある。

取水している川によって水質が違うし、同じ川でも上流と下流では水質は違う。同じ町でも、井戸水の水道水が供給される地域と、川水の水道水が供給される地域とでは、水道料金は同じだが、供給される水の水質は違う。

こんな風に、自治体や地域によって、料金も水質も均一でない水道水ですが、ただ一つ変わらず同じなのは、原水を水道水に加工するには、大量の電気がいる、ということです。

水をたくさん使うことは、電気をたくさん使うことになります。

水の環境家計簿をつけるねらいの一つは、電気と同じ、節水をして炭酸ガスを減らし、温暖化を防ごうというものです。

小さな蛇口の水だけど、どの家庭でも少しずつ節水すると、大きな省エネになります。家庭は、社会につながる一個の生活単位です。

私たちは、どれくらい水を使っているでしょうか。

生活に使う水は、一人一日二〇〇リットルあればよいと言われます。家族数が少ないほど一人あたりの使う量が多く、家族が増えるにつれて一人分が減ってはいきますが（**表6**）。

表7を見て下さい。各地の水の一人あたり使用量です。

水は、気温の高い地域ほどよく使いますから、札幌市が少ないのはわかります。ところが、大都市の中で最も南にある福岡市が一八四リットル、節水型市民がそろっているようです。

全国で最も多く水を使う都市は、大阪です。家庭では一人で三二四リットルも使っています。

大阪は水不足で苦労することがありません。なにしろ上流に琵琶湖という日本最大の水源をもっているのですから。カラカラ天気が続いて、琵琶湖の水位が一二〇センチも下がった夏でさえ、大阪は日常生活に何の不自由もなく水を使うことができました。

こんなに水が豊富だと、ついむとんちゃくに水を浪費してしまいがちです。

表7　1人1日あたりの給水量（*l*）

	都市用水	家庭用水
札幌	281	179
仙台	346	221
東京23区	384	246
名古屋	365	234
京都	404	259
大阪	506	324
神戸	342	219
広島	348	223
福岡	288	184

表6　家族数による1人1日あたり使用量（*l*／日、人）

1～2人	340
3人	236
4人	220
5人	211
6人	203

それが、全国一の水使用量となって統計にあらわれてきます。

京都市は、大阪に次いで水浪費型です。京都市の水道水源もやはり琵琶湖です。

まさに「湯水のごとく使う」琵琶湖下流域と対象的なのが福岡市です。

福岡市は水不足でたびたび渇水になり、大分県の山林が水を養っている筑後川に、大きな堰を造って水を引き、やっと解決しました。繰り返される断水の経験から、市民は水をたいせつに工夫して使う習慣が身についたのでしょう。

大阪と福岡の水の使い方は、四割以上も違います。どの家庭も、ちょっと工夫すれば、全体でこんなに変わってくる、という典型的な例です。

4 水道料金の値上げまた値上げ時代に入る

ここで、大阪と福岡の水道料金を比べてみましょう。

一九三〜一九四ページを見て下さい。

使用量が少ない福岡市の市民が払っている水道料金が、大阪市より高い、と知って「エッ？」と思うでしょう。

四人家族の場合、月の水道代は福岡市で五、六三五円、これに対して大阪市は三、九五六円です。大阪市の方が四割もたくさん使っていながら、三割も安いのです。

なぜでしょうか。

大阪は、早くから町中に水道をつくり、水の豊かな琵琶湖を水がめにして、淀川に大きな水利権をもっていました。

福岡市は川の流れの乏しい都市です。高度成長で人口も産業も急成長し、生活用水も工業用水も急に需要が増え、水不足におそわれた福岡市は、新しい水源開発のために筑後川大堰を建設しなければなりませんでした。大堰の建設費は高い水利権となって福岡市の負担になります。

水道は、ちょっとむつかしい言葉ですが「受益者負担」といって、水道水をつくるのにかかった費用を、水を使う人が負担することになっています。水道事業は独立採算制なのです。負担金は、水道料金として徴収されます。

浄水場や水道管をはじめ、ダムや堰など新しく水道水のための施設をつくると、その建設費が水道料金にプラスされてくるので、料金が上がります。

大阪より福岡の水道代が高い理由がわかりました。大阪より福岡の方が施設が新しいからです。

「新しいダムや堰は、水道代の値上げをもたらす」

何か見えてきましたね。

そうです。最近の、あまりにもひんぱんに起こる水道料金の値上げです。

日本水道協会が、水道料金の調査をしたところ、次のような結果が出ました。

全国には、水道事業をしている自治体や団体が約一、九〇〇あります。一九八〇年代から九〇年代にかけて、毎年二〇〇以上の事業体が、平均二〇パーセント以上もの大幅な料金値上げをしました。

その後少し減ったものの、それでも一九九七年四月からの四年間に、五九〇事業体が一六～一七パーセントの値上げをしています。その中の三〇事業体は、四年間で二回も三回もたてつづけに値上げしました。

水道料金の値上げの特徴は、上げ幅が大きくて、しかも短い期間に何回も行われていることです。

この間、ほかの物価は上がったでしょうか。

水道代の中で大きな比率を占める電気代は、一九八〇年から九〇年代にかけて、大幅に下がり、その後ほとんど動いていません。

電気と同じように大きな比率の人件費は、どうでしょうか。自治体はどこも赤字財政でウンウン苦しんでいます。新規採用をひかえたり、労働強化を承知でリストラをしています。

物価は、というと、列島を不景気風が吹き荒れるままに下落するばかりです。

表8の『朝日新聞』(二〇〇一年六月)に掲載された折れ線グラフをご覧下さい。

物価指数と比べても、ほかの公共料金が下がっているのと比べても、この水道料金

表8　消費者物価指数にみる公共料金の変化

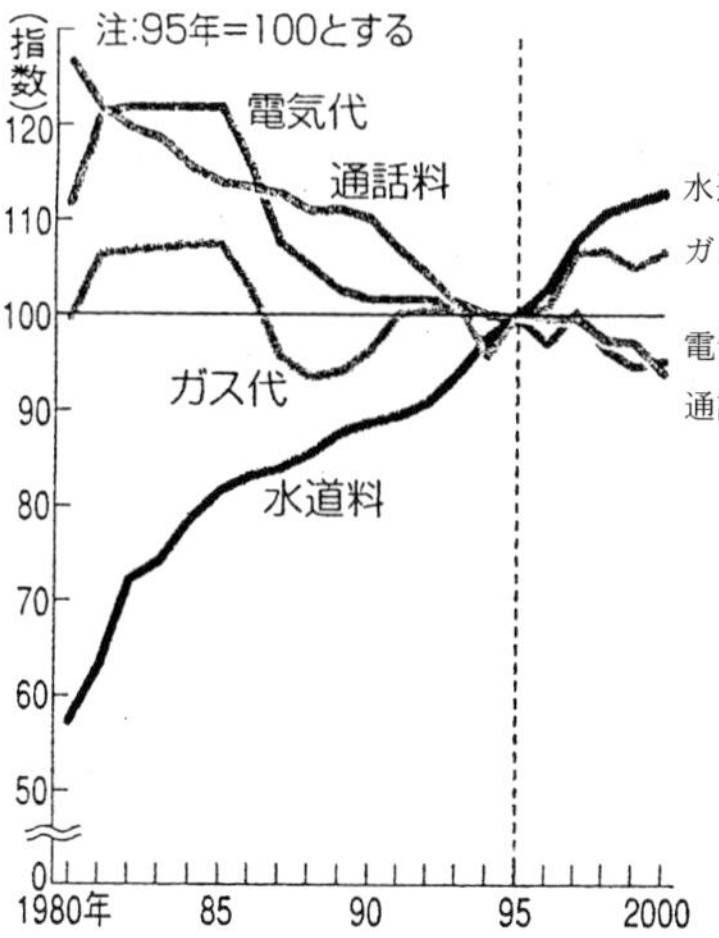

の急激な右肩上がりは異様です。こんな中で、「なぜ水道料金よ、お前だけ」です。

どうして、こんなことになるのでしょう。

5 ダムのツケを回される

水道料金の値上げの原因は二つあります。

一つはダムです。

そして、もう一つは下水道です。

二つとも造るときには、住民に相談なく、どこか遠くで決められてしまいますね。

ダムの場合、建設予定地の住民には、そこを出て行ってもらわなくてはなりませんから、あらかじめ知らせます。

しかし、ダムの水を利用する下流住民には、事前に何一つ知らされません。ましてや「下流のあなた方には、建設にかかる費用を負担してもらうが、それでもいいか」なんて、たずねもしません。

そして、造った後で、巨額の建設費の請求書が、ドーンと下流の住民に回されてきます。

先に書きましたね、水道事業は「受益者負担」だ、って。ダムに溜めた水を使う住民が、ダムの建設費を払うことになるのです。

すでにいくつもの市民センターがあるあなたの市が、これ以上センターがほしいかどうか市民に一言もたずねないで、新しいセンターを市の一存で建て、「市民センターの建設費は、センターを使う市民が払え」と、市民一人一人にお金を割り当ててきたら、あなたはどうしますか。

それと同じことを国はしているのです。しかも、それを法律によって合法的なものにしているのです。

ダムの下流には何十万人も何百万人もの人口が住んでいます。琵琶湖は「近畿一、四〇〇万人の水がめ」と言われるくらいです。その人数で分担し、水道代としてジワジワ払っていくのですから、金額としてはあまり目立ちません。

そんなことをしているうちに、上流でまたもや一つ、ダムが完成します。しばらくすると、また一つ。何しろ、日本中にダムは二、〇〇〇から三、〇〇〇あります。一つの水系だけでもすでに何十ものダム、一つや二つの工事中のダム、十数カ所のダム計画があるところもめずらしくありません。

かくて値上げは続き、いくらジワジワ払っていても、そのうち、ジワジワと住民の首を絞めてきます。

国の財政が苦しくても、ダム建設はやめません。費用は下流の住民に払わせればいいからです。その住民の都合も聞かなくていいようになっているからです。

琵琶湖総合開発事業は、琵琶湖の水を安定してたくさん取るための工事でした。工事は一兆円の予算で、一〇年計画で始められました。終わってみると、約二兆円使って二〇年かかっていました。

総合開発の費用を、大阪府、大阪市、阪神水道企業団などの大手水道事業体をはじめ、淀川から取水している市町村や企業は、それぞれ水利権に応じて分担しました。水道行政はこの水代を水道代として住民から徴収しています。大阪では、水道水の高度処理をしているので、その費用も加わり、いっぺんに上げると上げ幅があまりに大きくなるので、さみだれ式に何度にも分けて上げています。

福岡市に比べて、かくだんに水道料金の安い大阪ですが、それでも、このところ値上げ値上げが続いています。

こんなにダムをつくる必要はあるのでしょうか。

6　ダム建設は情報公開と民意尊重が大切

ダムのような大きな土木工事は、計画から完成まで何十年もかかります。計画の途中で、世の中が変わって工事の目的が実情に合わなくなることがあります。

岡山県の苫田《とまた》ダムは、五〇年も前の食糧不足のころ、農業用水のためのダムとして計画されました。

このダムができると、奥津町は村役場、学校、保健所、集会所、そしてたくさんの民家が集まっている村の中心部が水の底になってしまい、村の存亡にかかわります。川の水も汚れ、環境もこわされます。村はこぞって反対しました。県内外からも、どう見てもムチャクチャな計画だと、声が上がりました。

そうこうしているうちに時は流れ、輸入食糧が増え、水田の減反時代に入りました。農業用水はもういらないので、国は工業用水に名目を変えました。でも、下流は工業用水は足りているから、ダムを作っても水は買わないと言いました。

そこで、治水用の災害対策という名目が加わりました。しかし、この地域で洪水は一度も起こっていません。

長い年月をかけて国はダム予定地の民家を一軒また一軒と買い上げ、反対の声を圧して、最近いよいよ強制執行の準備にかかり、手続きがすめば工事が着工されようとしています。

この巨額の工費もやはり、ダムいらないと言っている住民も含めて、下流が払わされることになるのでしょう。エラクあくどいやり方だと思いますが、これでも公共事業です。

日本全国で計画されているダムがみんな、不必要であるかどうかはわかりません。ほんとうに必要なダムもあるかもしれません。何も知らせてくれないので、一般住

上の方がさわがしいねえ
水が少し濁って来たんじゃないのか
オオサンショウウオ
イワナ

民には判断のしようがないのです。

大阪では、安威川《あいがわ》ダムの予定地の下流に住む住民が、ダムができたら災害がおこりかねないと不安になって、大阪府に情報公開を求めましたが拒否され、裁判を起こしました。裁判中も、ダム建設に向けて準備は着々と進められました。やっと結審して、裁判所は府に情報を公開するよう命じましたが、出された情報はすべてではありませんでした。

こんなことをするから、「ダムみんないらない」になってしまうのです。

まず、お金を出すことになる住民と相談してから、ダムをつくるかどうか決めるようにするべきです。

ダムのために、予定地の村人が先祖代々の土地を追われ、水環境がこわされて水質が悪くなるとわかれば、下流住民はダムをつくるより節水する方を選ぶかもしれません。

何しろ大阪など、福岡なみに節水したら、それだけでダム何個分もの水が浮いてくるのですから。

大阪は今でも水が余って余ってどうしようもなく、琵琶湖総合開発の分担金は払わなくてはならないし、水を売ってお金をつくるのにやっきになっているとしか思えません。大阪市は、近隣のあちこちの市町村に水を売っていますし、大阪府は、きれいな地下水を水道水源にしている府下の自治体に、地下水をやめて全量府営水道から買え、と迫ったりしているのですから。

カラカラ夏の年、建設省近畿地方建設局、つまり琵琶湖淀川の管理をしているお役所のエライサンが、大阪に対して「水道原水の取水制限をしてもらう」と新聞で発言しました。

すぐ同じ紙上で、大阪府水道部のエライサンが切り返しました。「金を払っている分だけはもらいます」。取水制限などして、料金収入が減ったらどうなるんや。そうなっても、国は分担金まけてはくれへんやろ。取水制限せえ、やなんて、ようそんなこと言えるわ。心情として、浪速っ子は、当然、大阪府に拍手を送りました。

大阪にかぎらず、見直し必要なダムは日本中にいっぱいあるはずです。

7　節水は将来の水環境を守るためにも

多くのダムや堰は、高度経済成長期に計画されました。

高度成長期には、工場用水は一度っきり使って、使い捨てられていました。

将来もっと工場が増え、そろって水を使い捨てるようになったら、水需要はウナギ上りになるだろうと国は予測して、水資源開発のためのダム計画が、日本中の川という川に立てられました。

ところが、石油ショック後、工場は、水をリサイクル利用して節水するようになり

こんな空井戸
住めやしない
ウラメシヤ〜
工場の水使い捨てのため
全国各地で
井戸が干上りました。

ました。工業用水の使用量はウナギ上りどころか、減ってきました。

一方、生活用水の方は、少しずつ増えています。

減った工業用の水を生活用に回せば、どちらも助かります。大阪府は、大きな企業のいらなくなった水利権をもらって、小さな浄水場をつくりました。

もっと減っているのは、農業用水です。農業用水は、工業用水と生活用水とを合わせたよりも、もっと大量の水利権をもっています。余っている農業用水をほかに回せばいいのに、と思いますが。

大阪府の水道資料で調べてみたら、府営水道が今もっている水利権だけで、すでに余っていることがわかりました。これまでの水需要の線上で、これからの需要を予測してみても、水はじゅうぶん間に合っています。

気になるのは、琵琶湖総合開発の水が余っているのに、琵琶湖淀川水系の川に、十二、三も立てられているダム計画です。

近畿で、そんなにたくさんのダムがこれから必要でしょうか。こんなのが次々建てられたら、下流は、またもや水道料金の値上げ値上げです。

今のまま水をどんどん使い、家庭用水の使用量を増やしていると、

「ホラ、見ろ。国民の水需要は伸びてるじゃないか。将来、もっとたくさんの水が要るようになるよ。もっとダムをつくらなくては」

とダムを建てたがる連中のいい口実にされてしまいます。

節水して、

「ホラ、見てごらん。住民は、これ以上水は要らないんだ。ダムの必要はないよ」

と、言い返せる実績をつくりましょう。

節水は、今払っている水道料金を節約するだけではなく、ダムをやめさせて、将来の水道料金の値上げをなくし、山林の水環境を守ることにもつながっています。

ダムのほとんどが、水源である山林地域につくられます。ダムが水環境をこわし、下流の水道水質を悪くすることも、大きな問題です。

琵琶湖総合開発工事が始まるとすぐ、琵琶湖には初夏と初秋、水温が21℃になると赤潮が毎年きまって出るようになり、下流の飲み水は臭くて飲めないほどでした。

そこで、大阪も神戸も、水道水の高度処理をしなければならなくなりました。開発費用の上に、高度処理の費用も水道料金に加わって、下流住民はダブルパンチを受けています。

このままだと、日本中、ダブルパンチにさらされます。

それにしても、こんな公共事業、何とかなりませんか。

8　下水道は一人分いったいいくらかかるの

記録表の中に「下水の炭酸ガス発生量」という欄があります。

この欄に記入する家庭と、しない家庭とがあるでしょう。下水道を使っている家庭と、使っていない家庭です。

ふしぎに思われるかもしれませんが、今この欄に記入している家庭より、今は記入していない家庭の方に、水道代について下水道代についても、将来もっと深刻な問題が待っています。

それに、今、下水道を使っている家庭も、ていどの差こそあれ、深刻な事態に見舞われることは同じです。

それをくい止めるには、国民が下水道について、あるいは日本の排水処理政策について、もっと強い関心をもつ必要があります。

下水道、ごみ、何となくさわりたくない話題ですね。

ごみは、分別や減量など住民の協力なしには、どうしても解決できない問題ですから、国も自治体もいっしょうけんめいに消費者向けの啓発施策をして、何とか分別収集やリサイクルなど、国民の関心を引き付けることができるまでに努力しました。

でも、下水道についてはどうでしょうか。

国民が、「汚い物にフタ」と言わんばかりのマンホールのフタの下をのぞこうとしないのをいいことに、下水道政策は勝手に一人歩きしています。しかも、上水道と同じように、ツケは国民にまわされています。

以下、「知られざる下水道の素顔」です。

下水道は、処理場と下水管がセットになった施設です。下水管で下水を集めて処理場に運び、汚れを八〜九割くらい処理してきれいにした水を、川や海などの水環境にもどします。

第二次大戦後、高度成長期に入って、それまで大都市の一部にしかなかった下水道を、広く普及することになりました。

一九六三年に、第一次下水道整備五カ年計画が始まりました。それ以前の下水道普及率は七パーセントでした。

今は第八次五カ年計画が終り、スタートから三八年経って、普及率は五五パーセントです。

三八年間にどれだけ普及したか、計算はかんたん、五五引く七は四八です。

三八年間で四八パーセントの伸び、平均して一年に一・三パーセント弱の伸びということになります。

第八次五カ年計画の予算は二三兆七、〇〇〇億円です。その前の第七次計画では、

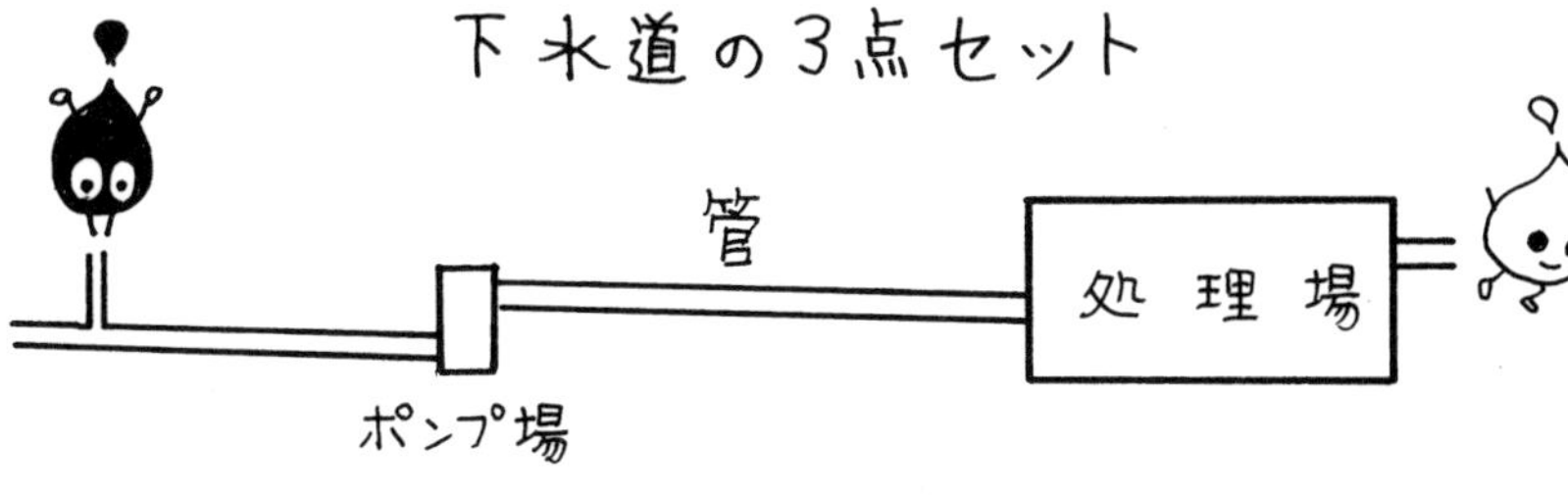

一六兆五、〇〇〇億円でした。

自治労下水道部会の加藤英一さんが、この数字をもとに、国の資料を用いて算出した一人分の下水道建設費は、第七次で百万円を少し超え、第八次では一五〇万円を超えました。

年に一・三パーセントの伸び、一人分が一五〇万円。これが、国土交通省が下水道法によって推進している下水道の実体です。

四人家族一軒分の下水道をつくるのに、六〇〇万円以上の税金費消。その上、工期が長くて、場所によってはつくり始めてから何十年も、ときには一〇〇年以上も管がやってこない。とても、常識で考えられるような政策ではありません。

なんと言う不経済！　いいえ、このままだと、これからはもっともっと不経済になっていくでしょう。

9　時代遅れの下水道法

一キロメートルの下水管に、数百人の下水が入れられる都市部もあれば、たった数人分しか入らない農村もあります。

人口密度の高いところにつくる方が効率がいいので、下水道はまず都市や市街地からつくられていきました。

私は、下水道はよくない排水施設であるとは思いません。

下水道、合併浄化槽①、土壌浄化システム②など、いろんな排水処理施設があります。その中で下水道は、とりわけ人口が多い都市に適した排水処理施設です。その都市型施設を田舎にまで広げようとするから、困ったことになるのです。

第一次から四〇年近く経った今では、都市や市街地のほとんどに下水道が普及しました。まだなのは、人口密度が低い地域、田舎です。

先へ行けば行くほど、ますます過疎地に向けて管を引くことになり、普及率は伸びず、一人あたりの建設費は高くつくようになります。

そんな過疎地の下水を、長い長い下水管によって、遠い遠い処理場まで運ばなくても、敷地内や家の近くで処理できる合併浄化槽や土壌処理を設ければ、いいじゃないですか。

戦後の下水道建設は高度成長期にはじまりました。下水道法はそのときの事情に合わせて制定されたものです。

下水道法は、日本で本格的排水処理施設といえるものはただ一つ、下水道しかない、と決めた法律です。「下水道がある区域」では、ほかの排水処理施設はいっさい作ることができません。

それだけでなく、「下水道が計画された区域」にも、ほかの処理施設を作ることを認

①合併浄化槽

戸別（図参照）に設置する既製の型式槽と、集合住宅や公共施設などで現場打ちする集中槽があります。集中槽はコミプラとも呼ばれます。槽の中は、下水貯溜槽（嫌気槽）、濾材を詰めた曝気槽（好気槽）、処理水とバクテリアを分ける沈澱槽に仕切られ、嫌気性バクテリアと好気性バクテリアにそれぞれ汚染物質を分解させます。処理水の窒素やリンを除去する機能をもつ槽もあります。戸別槽だと、費用は七〇万～一〇〇万円、工期はふつう一週間まででしょう。

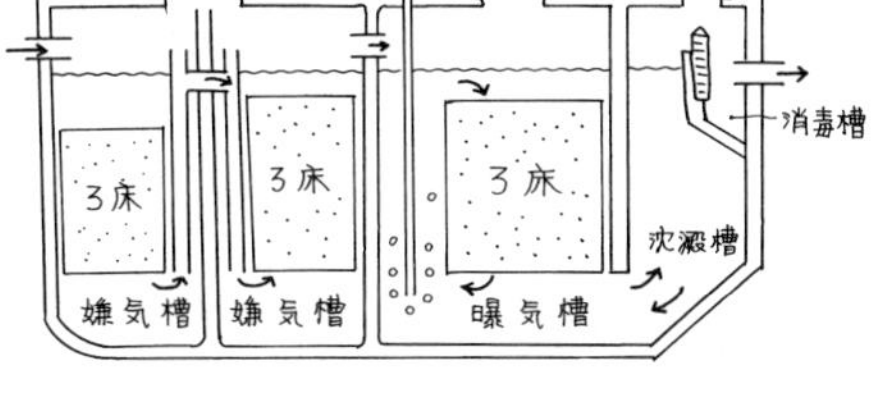

めません。

下水道計画の区域を決めるのは、お役所です。

小さな下水道は市町村が計画区域の線引きをします。

大きな下水道は、都道府県がいくつもの市町村にまたがって、広い計画区域の線引きをします。都道府県が線引きをする場合、住民の意見どころか、市町村長さんの意見も聞かなくていいことになっています。

その線の内側に入れられてしまった家では、水洗トイレを使いたい、炊事洗濯の水をきれいにして水路に流したいと思って、合併浄化槽をつけようとしても、認められないのです。

これではあまりにもひどい、というのでやっと、七年間下水管がのびてこないところは、一時的にほかの施設を認めてやろう、ということになっています。

なかなか下水管が来ない計画地域の住民が、自腹を切ってほかの排水施設を設置したとします。下水道法は、その施設は間に合わせとして認めてやるから、下水道ができたら、間に合わせはすぐ捨てて下水道を使うように、というのです。

年に一パーセントそこそこしか進まず、完成に何十年もかかるような工事をするのですから、計画区域では何十年もの間、垂れ流しのままの下水が、どんどん川を汚し続けることになります。

②**土壌浄化システム**
新見正さんが発案した水処理法で、土の浄化能力や消臭作用を利用しています。地表六〇センチほど掘ってシートを敷き、その上に砂利を入れます。砂利の中に穴空きパイプを設置して下水を流します。穴から砂利層に浸出した下水の汚れは、土壌バクテリアによって分解され、水は毛細管現象の原理で蒸発します。廃棄汚泥も出ず、汚れは養分となって土を肥やす、自然を活かした水処理技術です。

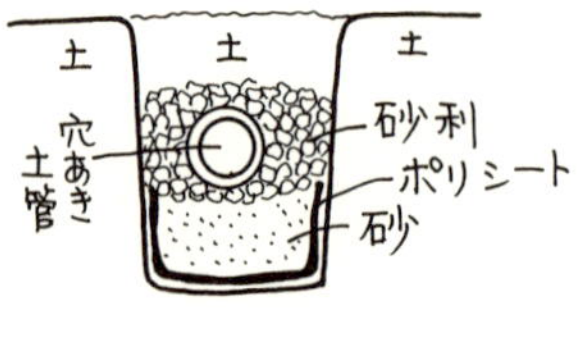

「日本の川を汚しているのは、家庭排水です。主婦の皆さん、台所から味噌汁や醤油を流すと、サカナが棲める水にうすめるには、浴槽何倍分ものきれいな水がいるんですよ」

あなたの市町村は、こんな、したり顔の市民向けの冊子を配布していませんか。とんでもない、家庭排水をきれいに処理するのは、市町村の仕事です。そのために住民は税金を払っています。住民に川が汚れた責任を転嫁するのはやめて、下水道を作っている国土交通省と、衛生的な生活を守る厚生労働省の方を向いて、早く排水処理施設を完備するように迫って下さい。

下水道にかけるお金を戸別の合併浄化槽に回せば、十数年で日本中の家庭が排水処理できます。川は、もっときれいになります。

それなのに、大土木工事である下水道をいぜんとして主役にしておきたい連中が、下水道法を盾に踏ん張って、住民にほかの施設をつけさせまいとじゃましている、としか言いようがありません。

早く現実に合った排水処理の施策や法律をつくらなくては、国も自治体も、何よりも国民が困ります。

家の中に高性能の合併浄化槽をつけて、処理水を水洗トイレや庭の水撒きに使いたい人もいるでしょう。土地のある人は、土壌浄化システムを設けて、排泄物や雑排水

を残らず大地にもどし、肥やした土で緑を養いたいと思うかもしれません。

何よりもまだ排水を処理できない地域の人たちは、なかなかやってこない下水管を待つよりは、早く安くできる施設を望んでいます。

いろいろな場所に適したさまざまな施設が開発されています。自分の汚した水を浄化するのに、自分がやりたい方法でやるのは、基本的人権ではありませんか。

住んでいる地域や、住まい方に合った施設を、住民が自由に選ぶ時代に入っていると思います。

今や、下水道が主役の時代は終わりました。国も議員さんも、それに早く気がついてほしいと思います。

10　下水道を使えば使うほど大赤字

下水道は、処理場をつくって下水管をひけば、それで終わりではありません。

下水を処理するという、本命の仕事があります。

下水道を使う人は、下水道使用料を水道料金といっしょに支払わなければなりません。下水道使用料も水道料金と同じように、市町村によってまちまちです。

下水道使用料は、どのように決まるのでしょうか。

下水を処理したり施設を点検修理する費用、これを「維持管理費」といいます。

下水道をつくるのにかかったお金は「資本費」です。

維持管理費と資本費とを合わせたのが、「処理原価」です。つまり、処理原価とは、施設にかかったお金と、処理するお金との両方を合わせた金額です。

下水道使用料は、このように維持管理と資本費とを合わせた処理原価によって決まります。

では、処理原価はすべて、下水道を使っている住民が払っているのかというと、そうではありません。

使用者が費用をすべて持たなければならない水道と違って、下水道は税金からの支出が認められています。水をきれいにして川や海の環境を守る、雨水を排水して洪水を防ぐ、などの公共の役割があるからという理由です。

そこで、下水道使用料は、全国平均では処理原価の四〇パーセントくらいになっています。残り六〇パーセントくらいは税金から出しています。

下水道の普及率が低く、下水道を利用しない人の方が圧倒的に多い頃は、利用しない人の税金で利用する人の分をまかなって、なんとかなりました。

下水道をつくり始めたころは、人口密度の高い市街地だったので、一人分の建設費も今より割安でしたから、使用者も市町村もまだサイフに大きく響きませんでした。でも今のように、五〇パーセント以上も普及すると、肩代わりしてくれる人が減って

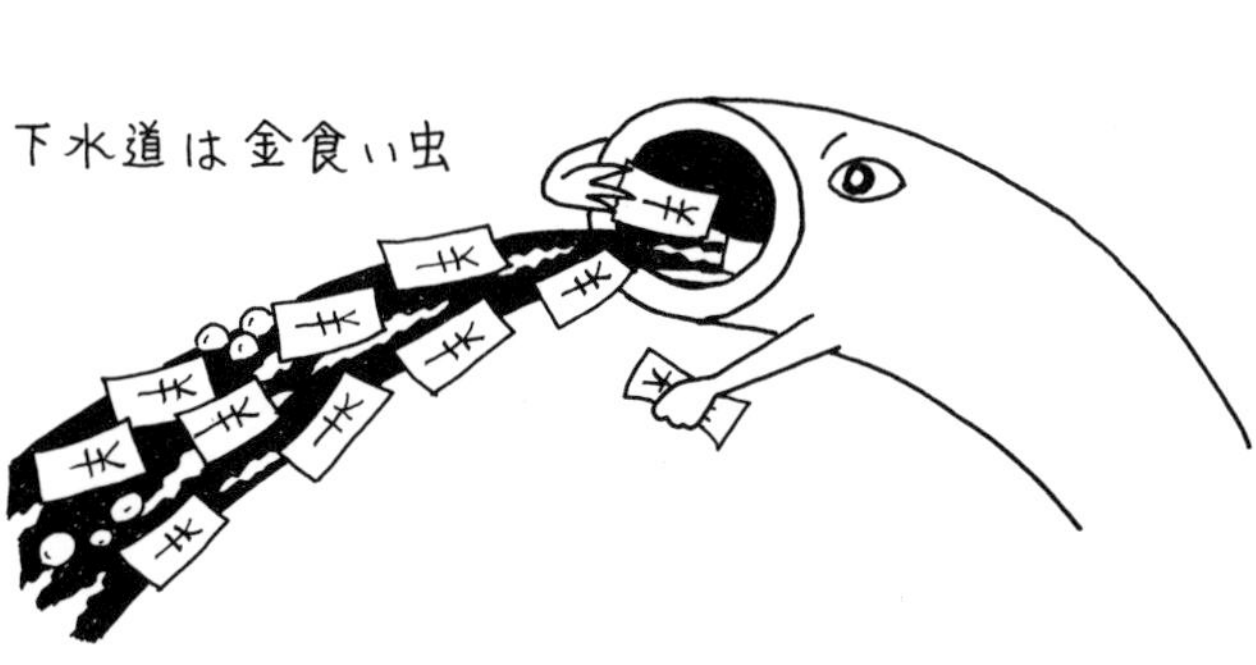

きます。

過疎地にのびて一人あたり建設費が高くなり、資本費が大きくなると、処理原価も上がります。

不足分を税金から出していると、赤字はとてつもなく膨れ上がって、市町村を苦しめるようになってきました。

一九九九年度に、下水道使用料だけで赤字なしでやっていけるところは、全国でたった一一カ所だけでした。

一九九五年には六、〇〇〇億円台であった下水道赤字の補塡額は、今や全国で八、〇〇〇億円台になっています。国民が、赤ちゃんも含めて年に一人平均六、三〇〇円ずつ出しあっている計算です。

下水道がこのままさらに普及したら、いったいどうなっていくでしょう。

下水道は巨額の借金で建てられます。いったん建ててしまったら、いくら高くついても元利そろえて返していくしかありません。手を打つなら今のうちです。

東京二三区や大阪市のように、明治時代から下水道をつくり、早くから整備が終っている大都市では、資本費がかからないので処理原価は安くつきます。

新しく下水道をつくるところほど、資本費が大きく、処理原価が高くなります。これからつくろうとしている小さい町村ほど、使用料は高くなり、町の赤字も大きくなる、ということです。前にも書いた、先へ行くほど高くなる、とはこのことです。

表9をご覧下さい。

一万人以下で使う小さな下水道、多分、小さな町村の下水道でしょう、そういうところほど、料金が高いですね。そして、料金が高いのと同時に、税金からの補塡も大きくなっています。回収率とは使用料でまかなえる率です。

11　下水道費用まるまる自己負担の日がやってくる

今のままでは、市町村はとてもやっていけません。

かなり前から自治省は、下水道赤字の自治体に対し、「下水道使用料は処理原価にしなさい」と言ってきました。

赤字で切羽つまった市町村は、だんだん自治省の通達に従って値上げするようになってきました。

今では、税金からの補助がだんだん減らされて、自己負担が増えています。下水道使用料の値上げです。一立方メートルが一〇〇円を超える市町村がずいぶん増えてきました。

「下水道使用料って高いわねェ」

という声が聞かれるようになりました。それでもまだ、市町村が半分以上税金から助

表9　下水道の処理原価と使用料平均単価

処理人口（万）	事業数	処理原価（円／㎥）	使用料平均（円／㎥）	回収率（%）
1未満	455	518	116	22.3
～3	264	338	113	33.5
～5	77	271	108	39.9
～10	85	191	91	47.6
～30	84	181	98	54.3
30～	9	172	90	52.4
合計	974	226	100	44.0

けてくれていると知ったら、市民は目をむくでしょうね。

「エッ、そんなに下水道が高くつくなんて、聞いてないわよ」

聞いてなくても、使っているかぎり下水道使用料を払い続けるしかないでしょう。

今、下水道を使っている三人家族の水道料金は二カ月で九、〇〇〇円、一カ月にすると四、五〇〇円くらいとします。下水道使用料を全額自己負担しなければならなくなったら、この家庭の水道料金は、月に七、五〇〇円以上になるでしょう。

これは、都市の現在の料金での計算です。将来はもっともっと割高になるのは、これまで書いたように、下水道政策を改めないかぎり、はっきりしています。

それに、建設費は全国どこでも一五〇万円でおさまるとはかぎりません。小さな町村ではその金額をはるかに上回るところがいくつもあります。

「下水道使用料一万円時代が来る」と、加藤英一さんは一五年前にすでに予告していました。ほんとうにそんな時代が、すぐそこまでやってきました。

合併浄化槽は、建設費も維持管理費も、下水道よりはるかに安くつきます。処理水の水質は下水道なみ、もしくはもっときれいです。

秋田県二ツ井町では、下水道をやめて合併浄化槽にしました。建設費は五分の一以下ですみ、垂れ流しは早々となくなり、使用料は一般の下水道使用料と同額で、大きな赤字も出さずまかなえています。

町長さんの住民向けの本音を見きわめよう！

二ツ井町と、全く反対のことをしているのが、大多数の小さな町村です。下水道がなかなか来ないので垂れ流し排水が川を汚し、一方、やっと下水道は来たものの住民も町も高負担にあえいでいる、こんな現実をどうするのか、早いこと何とかしなければ、将来の水問題はますますアップアップ状態です。

これでは、電気に比べて水道は安い、なんて言っていられません。

12 使わない水の出しっ放しをやめる

だれでも苦もなくできる、かんたんな節水の方法、と言えば、節電と同じ、まず第一は、用のない水を流しっ放しにしないことです。

歯磨きをしている間蛇口から水が水を出しっ放しにする。洗顔は流しっ放しの水や湯を手で受けながら洗う。シャンプーの間ずっとシャワーから湯をほとばしらせている。あるいは、食器をスポンジでこすっている間、すすぎはまだなのに水を流しっ放しにする。パッキンが減って蛇口から水がポトポトしたたっている。

洗車の間中、蛇口を止めないので、しばしばムダに水が地面を流れている。

こんなことをしていたら、気がついたとき、次のように節水しましょう。

歯を磨く間は、蛇口をとめておく。洗顔は、溜めた水や湯を何度か取り替えながらする。シャンプーは、すすぐとき以外はシャワーを止めておく。止めたりつけたりす

ると温度調節がうまくいかない旧式シャワーでも、シャンプー液で洗っている間は、なるべく止めるようにする。

あるいは、食器洗いのときは、油汚れの食器を別にして洗う。食器洗いのときは、汚れをざっと水で流してから、まずセッケンをつけたスポンジでまとめ洗いし、つぎに流し水でまとめすすぎをする。こまめにパッキンを取り替える。よく水を使う台所の蛇口は、パッキンの取り替え時期を決めて、少なくとも二年に一回は取り替えるようにする。

そして、洗車の際は、バケツや手元で水を止められるホースを使うようにして、水を流しっ放しにしない。

使わないのに流しっ放しのケースは、折にふれ、まだあるでしょう。これくらいなら、とつい思いがちですが、流しっ放しの場合、実際に使う水よりムダにしている水の方が多いのです。

例えば、歯磨きのとき、口をすすぐ水はコップ二杯分で足りますが、流しっ放しにしていると、ムダな水は三〇～四〇杯分にもなります。

13　節水コマを使う

節水器具の中でいちばんポピュラーなのは、節水コマとも呼ばれる節水用のパッキンです。荒物屋さんや日曜大工コーナーで売られています。

水道水を使うとき、たいていの人が適当にコックをひねっています。いちいち、これくらいひねったら適量が出る、などとは考えていません。何となくひねって、出た水を何となく使っています。多すぎたり少なすぎるときは調節しますけど、手洗いなどは出た水ですませてしまいます。

何げなくひねったとき、すでに蛇口の方でちゃんと節水してくれていたら、「放っておいて節水」できますね。節水コマはそういう器具です。

もっとたくさん水を出したいときは、もっとひねればいいだけです。

六月は水道週間があります。水道局は記念行事として、休日に浄水場の一般公開をしています。

大阪市の柴島《くにじま》浄水場の見学に行きました。どこの浄水場へ行っても、浄水場は実にいい環境だなあと思います。広々として、緑も多く、もちろん水はたっぷりありますから、全身が豊かな水の気配を感じるのか、体の細胞が一つ一つ生き返るような気がします。

柴島浄水場は、明治時代にわが国四番目の浄水場としてつくられました。広い構内には、創建当時の赤レンガの建物も水道記念館として残っています。

見学コース沿いにテントが並び、パンフ、鉢植え、ふきん、水まわりのエコグッズ、

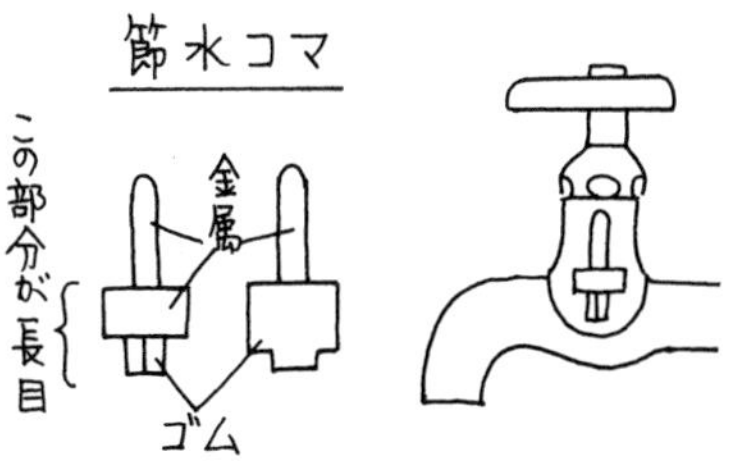

高度処理水などを配っています。

その中に、パッキンの取り替え体験をさせながら、節水コマの配布をしているテントがありました。説明パンフや、必要と言えばペンチも添えてくれます。

六月には全国どの市町村でも、浄水場の一般公開をしていると思います。そして、どこの浄水場に行っても、節水コマの配布をしているのを見かけます。

自分が毎日飲んでいる水道水がどうなっているか、それを知りがてら、いい空気を吸いに行って、節水コマをもらってきましょう。

節水コマがもらえる六月を、わが家のパッキン取り替え月に決めておきます。こうすれば、取り替えるのを忘れることはありません。今年浄水場に行けなくても、台所のようによく使う蛇口でもパッキンは二年に一回替えればいいので、翌年行けば間に合います。

ただし、どの蛇口にも節水コマをつければいい、と言うものでもありません。私は、洗濯機のホースにつなぐ蛇口や、庭の水撒き用の屋外蛇口では、ふつうのパッキンを使っています。

節水コマをどの蛇口につけるか、つけないか、それぞれに判断して使って下さい。

14 節水型の製品を買う

電化製品は、省エネ型になってきました。

洗濯機も、節電型で節水型になってきました。買い替えるとき、この型を選ぶと、「放っておいて節水」できます。

ここでおことわり。省エネ家電が出たと聞くと、すぐに飛びついて買いたがる人がいます。今、使っている家電がまだ使えるのに、さっさと新しくしてしまうのです。家電の省エネ度は、どんどん進んでいますから、そんなことをしていたら、新製品が出る度にいてもたってもいられない「買い替え中毒症」になってしまいます。

電化製品の製造には原料とエネルギーが使われます。まだ使える家電を廃棄処分するのは、資源やエネルギーのムダ使いになります。

買い替えは、前の製品が使えなくなってからにしましょう。

洗濯機の節水度について調べてみました。

洗濯機は、どんどん大型化しています。

毛布も化繊の夏布団も洗えるくらい大きいと、クリーニング代が助かります。子どものいる家庭では、つねに清潔な衣類やタオルを用意しようとすれば、毎日大量の洗濯物が出ます。もっている衣類の数が多く下着など何ダースもあるので、少人数家庭

では、週一回ウォッシングデーを決めて、まとめ洗いするケースも増えてきました。

洗濯機も省エネ型になっているでしょうか。

容量が五、六、七、八キログラムの洗濯機で、それぞれの年間消費電力と年間使用水量を**表10**にまとめてみました。

節電から見ると五キロ、六キロが省エネ度が高く、節水から見ると六キロ、七キロが省エネ度が高いですね。

お店には各メーカーの各機種があって、それぞれに節電と節水の両方が均等に省エネなのや、どちらかといえば節電タイプなのや、あるいは節水タイプなのやいろいろありますから、買うときによく調べて家庭に合ったのを選んで下さい。

繰り返しますが、家電は長く使うもの、最初にどれを選んだかによって、どの電化製品であっても大きな省エネの差、お金の差が出てきます。

15　節水都市をつくる

東京都の墨田区は、両国国技館の大相撲だけでなく、雨水利用システムでも知られるようになりました。国技館は、あの特徴のある大きな屋根に降る雨を溜めて、館内のトイレなどに使っています。

屋根に降る雨を集めて水槽に溜め、水撒きのように素朴な使い方から、洗車、水洗

表10　各社における容量別洗濯機の年間消費電力量及び年間電気代

容量＼	年間消費電力量　(kWh)			年間電気代　(円)		
	非省エネ	平均	省エネ型	非省エネ	平均	省エネ型
5kg	43.8	32.5	16.1	1,007	748	369
6kg	50.4	32.6	16.4	1,159	750	378
7kg	58.4	34.6	17.5	1,343	795	403
8kg	49.3	27.3	19.0	1,133	628	437

トイレ、洗濯、さらに防火用水や非常時の飲み水などに利用する動きは、東京都墨田区からしだいに全国へ広がっていきました。

一軒の家庭で雨樋の先にバケツを一つ置くことから始まって、雨水用の集配水槽の設置、さらに墨田区役所にあるような浄化装置を備えた雨水下水両用の設備まで、さまざまです。

遠い山林の自然と村落をつぶしてつくったダムの水を使いながら、自分のところに降る雨は、洪水対策と言ってさっさと海に流して捨ててしまう、こんなことを下流都市がしていてもいいのだろうか、という反省もあります。

このように、一つ一つの建物で、雨水を溜めて利用する方法もあります。また、町ぐるみで、雨水を利用できる構造をつくることもできます。

大阪市では洪水対策として、地下に巨大な雨水溜めをつくりました。なにわ大放水路とか、淀の大放水路と名付けられた都市洪水の防止施設です。大雨のとき、ここにいったん雨水を入れて、じょじょに排水しようというものです。

この溜まった雨水を利用して、町の中にせせらぎをつくったり、防火や防災用水にしたり、いざというとき非常生活用水に役立てることもできます。

節水政策、とくに節水型都市計画は、水の有効利用と共に財政にとっても、ひじょうにたいせつです。

表 11　各社における容量別洗濯機の年間使用水量における水道料金

容量＼	年間使用水量　(l)			水道料金　(円)		
	非省エネ	平均	省エネ型	非省エネ	平均	省エネ型
5kg	49,275	40,406	35,040	9,067	7,435	6,447
6kg	47,450	41,115	33,945	8,731	7,565	6,246
7kg	56,575	44,462	35,770	10,410	8,181	6,582
8kg	56,575	45,899	37,230	10,410	8,445	6,850

アメリカでは、ダム建設の見直しがはじまっています。すでに建設されたダムを、建設費より高い費用をかけて撤去することも、行われています。撤去しなければ、いずれさらに大きなダメージが予測されるからです。

ニューヨーク市では、将来もっと増えると思われる水需要を見越して、ダム建設でなく、市民の節水に主眼をおくことにしました。

水洗トイレに着目したのです。

水洗トイレの節水のために、流量が六リットルですむ節水式トイレに交換する費用は、ニューヨーク市が全額負担することにしました。

何とそれで、ダムよりも安く、新たな水量を生み出すことができました。

八リットルの水洗トイレでは流量不足とばかり、一三リットルの水を使うジェット噴射式のトイレが大手をふっている日本とは大違いです。

日本では、国民が費用をもってくれる安易なダムつくりに精出して、結果、国民の水浪費を奨励しているとしか思えません。

アメリカと日本のこの姿勢の違いは、自治労の加藤英一さんが言うように、総合的な「水基本法」がないなど、法整備にも原因しているでしょう。

しかし、水政策を「お上まかせ」にしていた国民の自覚のなさにも原因があることを、消費者は反省しなければならないでしょう。

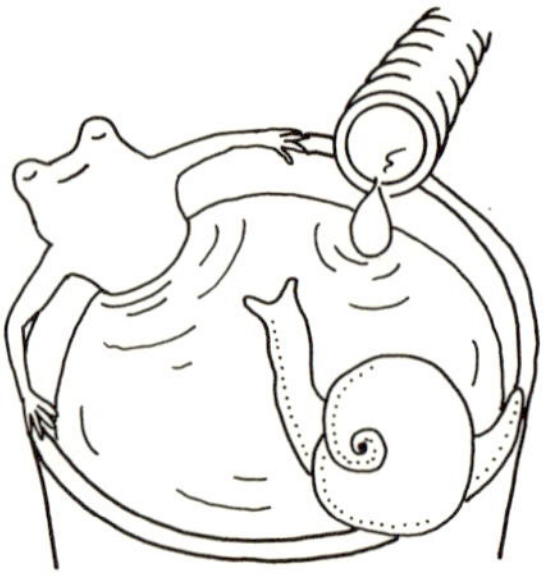

クーラーの排水
ためると一日バケツ数杯

最近は、市民も含めた会議によって、流域の水政策を立てる動きも出てきました。

水に詳しい専門家の先生方が参加していますが、その情報に住民が関心をもたなければ、せっかくの会議が活かされません。

民主主義は、国民が怠慢であっては育ちません。

16　本格的な水道水の環境家計簿に挑戦

初歩の節水方法、それは、次の二つです。

①使わない水を流しっ放しにしない。
②節水コマや節水型の製品を使う。

節水効果はありましたか。

あまり、節水効果が見えてこなくても、将来の節水と節約に向けて実践しているのだという自覚でもって、続けられそうですか。

初歩的な水の環境家計簿をつけている人も、電気と同じように、いつかは本格的な環境家計簿に挑戦してみて下さい。

そして、本格的な方に息切れしたら、また初級にもどって続けて下さい。

続けること、これがとても大切です。そのためには、続きそうにない原因は、何によらず退けましょう。

時にはいちいち水の出しっ放しをやめることが、なんだか面倒くさくなるかもしれません。私もそういうことが度々ありました。

そのときは、何が何でも出しっ放しをやめようと思わないことです。蛇口を止めることにこだわらないで、たまには流しっ放しにしてもいいんじゃないですか。

でも、月一回の記録表の記入だけは止めないで、ちゃんとつけましょう。

蛇口の出しっ放しが続いて水道代が上がったら、ハハア、あのていどで、これくらいの水量が増えるのか、と、楽しんで下さい。

環境家計簿をつけているからと言って、数字や実績にこだわり過ぎることはよくありません。環境家計簿のほんとうの目的は、節電や節水というより、環境にやさしいライフスタイルを身につけることです。

自分の心の環境を豊かにのびのびと保っていてはじめて、地球環境も社会環境もたいせつにすることができます。

第3章

ごみ

初歩的な環境家計簿3

1　初歩的なごみの環境家計簿をつけよう

ごみの環境家計簿は、ごみ減らしのためにつけます。

電気や水道のときと同じように、家族に「ごみ減らしの協力」を頼みましょう。

表12は、初歩的なごみの環境家計簿です。

コラム5を参考にして、つけてみましょう。

つけ終わりましたか。

ごみは、電気や水道のように使用量や料金を記入した領収書がありません。

本格的な環境家計簿の場合は、ハカリを用意して、毎回のごみの重さを計って記入します。

ハカリで重さを計るのがいちばん正確です。

でも、初級は、もっとかんたんな方法でやることにします。ごみの量に応じて、ごみ袋大、中、小を決めておくやり方です。このように、記録表に書き入れる数量の基準は、自分で設定します。

記録表の粗大ごみの欄には、出した品物名を書きます。

			ごみの量			
		曜日	大	中	小	粗大
7月	1週目					
	2週目					
	3週目					
	4週目					
	5週目					
8月	1週目					
	2週目					
	3週目					
	4週目					
	5週目					
9月	1週目					
	2週目					
	3週目					
	4週目					
	5週目					

			ごみの量			
		曜日	大	中	小	粗大
10月	1週目					
	2週目					
	3週目					
	4週目					
	5週目					
11月	1週目					
	2週目					
	3週目					
	4週目					
	5週目					
12月	1週目					
	2週目					
	3週目					
	4週目					
	5週目					

表 12　初歩的なごみの環境家計簿の記録表

		曜日	ごみの量			
			大	中	小	粗大
1月	1週目					
	2週目					
	3週目					
	4週目					
	5週目					
2月	1週目					
	2週目					
	3週目					
	4週目					
	5週目					
3月	1週目					
	2週目					
	3週目					
	4週目					
	5週目					

		曜日	ごみの量			
			大	中	小	粗大
4月	1週目					
	2週目					
	3週目					
	4週目					
	5週目					
5月	1週目					
	2週目					
	3週目					
	4週目					
	5週目					
6月	1週目					
	2週目					
	3週目					
	4週目					
	5週目					

コラム５　初歩的なごみの環境家計簿のつけ方

１　用意するもの

・表 12 の初歩のごみの環境家計簿記録表（コピーしてもよい）

・エンピツかシャープペンシル

・消しゴム

・電算機

２　つけ方

①ごみを出した日に記録します。記録表の月、週、ごみ収集曜日の欄に、毎回記入します。

②自分の出すごみについて、量的に大、中、小に分別します。

③「大」を出した日は、「大」の欄に○をします。大と中を出したときは、両方の欄に○をします。

④粗大ごみを出したときは、椅子とか電気スタンドとか、出した品名を書きます。

⑤一年経ったら、大何個、中何個、小何個というように集計します。

３　ごみ減らしのメド

ごみの環境家計簿をつけ始めた年は、ごみ減らしをしても、これまでに比べてどれだけ減らせたかが、記録にはあらわれて来ません。

経験的に「減ったな」という感触があるだけです。

ぜひ、２年、３年と続けましょう。そして、減らすことができた数値を把握するようにしましょう。

表13　ごみ年間集計表　　　　　　　年

	大	中	小	粗大（品名）
1月	個	個	個	
2月				
3月				
4月				
5月				
6月				
7月				
8月				
9月				
10月				
11月				
12月				
合計				個

ごみ減らしでたいせつなことは、人間関係です。

「顔が見える関係」

という言葉を聞いたことはありませんか。

この言葉は、有機野菜の産地直送運動の中で生まれました。

ふつう農家は、作ったコメや野菜を農協を通じてマーケットに出します。それを買って食べる人が、どこのだれかはわかりません。買う人も、どこのだれが作った野菜を自分が食べているのかわかりません。これが「顔の見えない関係」です。

農作物を作る人も、それを買って食べる人も、お互いの顔が見えないと、心のふれあいも親しみもなく、つながりは農作物というモノだけです。

顔の見えない関係では、農家は農作物の見かけをよくして高く売れればいいし、消費者は安くておいしそうに見えればいいわけです。一般市場に出される野菜には、農薬や化学肥料が多く使われるのもうなずけるでしょう。

産地直送では、マーケットを通さないで生産者がじかに消費者に作物を届けます。産直運動をしているＮＧＯは、作物といっしょに生産者のメッセージを消費者に届けたり、四季折々の農作業を体験できる援農を企画したり、農業についての学習会を開いたりします。

産直をしている消費者は、食卓にのぼるご飯や野菜が、どんな土地でどんな人によっ

て作られた有機作物であるか、知っています。

有機作物を作るには、積み上げた植物や糞を何度も切り返して堆肥をつくり、農薬を撒かない田畑では雑草と格闘し、それはたいへんな労力がかかることを、消費者は知るようになります。ムシ食いのアトがあっても、それはムシがお毒味をしてくれた安全な野菜であることのシルシだし、お店に並ぶ野菜の同じかたち大きさは、味や質に関係なく、見かけだけで選ばれたこともわかってきます。自然に育った野菜は、大きいのや小さいのや、真っすぐのや曲がったのや、まちまちです。大きさと形で選ぶと、選ばれなかったものは、捨てられるか二束三文にたたき売られるか、その分がマーケットに並ぶ野菜の値段にかさ上げされます（日本の社会に何となく似通っているなあ）。

食卓の野菜の背景に、消費者はいろんなものが見えるようになります。野菜が育った田畑の起伏、広い空、健康な草と土の匂い、そして何よりも、野菜を作った生産者家族の顔、顔、顔。

「あの人が食べるから」

と思って生産者は作り、

「あの人が作ったから」

と思って消費者は食べる。

農家は、安全でおいしい作物づくりにいそしみ、消費者は葉っぱの一枚まで捨てないで食べようとする。野菜といっしょに心も思いも運ぶ、これが産直運動のすばらしさ、そして、これが「顔の見える関係」です。

ごみ問題でも同じです。住んでいる地域、活動している地域で、顔の見える人間関係をつくりましょう。

それが、どんな風に役だってくるか、この章を読み進むうちに、おわかりいただけると思います。

2 容器包装ごみを減らせ

ごみ減らしにあたって、まず、自分が出すごみの中身を知りましょう。

どんな種類のごみが最も多いか、多いごみを重点的に減らすと、効果があります。

重さからいうと、家庭ごみの中でいちばん多いのが容器包装ごみ、次に多いのが生ごみ、どちらも全体の四〇パーセントを超えます。

かさから見て多いのも、もちろん容器包装ごみです。

ごみ袋をのぞいてみたら、包装紙、プラスチック容器、商品が入っていた袋や箱など、ごみ袋の中は、紙とプラスチックがいっぱい、そのほとんどが容器包装材です。

一九九七年に施行された「容器包装リサイクル法」は、私たちの暮らしにすっかりなじみました。

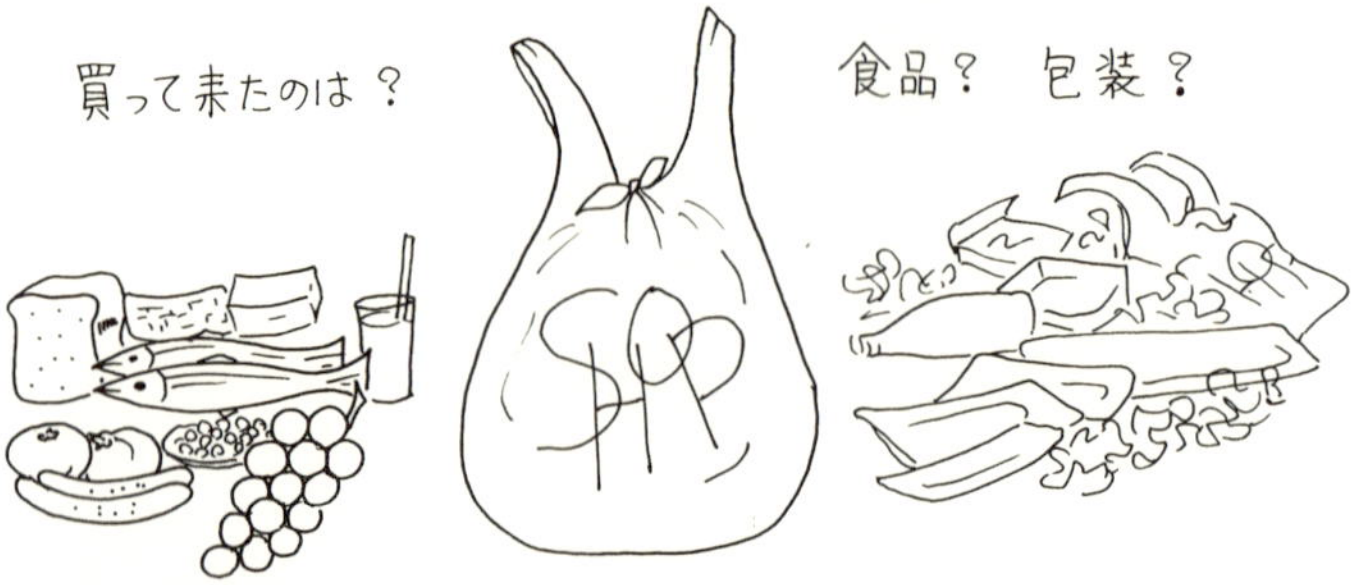

この法律に基づいて、全国で容器包装ごみの分別収集が実施され、資源ごみのリサイクルが行われています。

容器包装リサイクル法で分別収集される資源ごみは、

スチール缶

アルミ缶

ガラス容器

紙パック

ペットボトル

その他のプラスチック

の六品目です。

新聞紙や古雑誌がないのは、日本では「チリ紙交換車」が全国津々浦々を走って、新聞紙の七〇パーセントまで集めてくれているから、自治体が手を出す必要がないのです。

でも、三〇パーセントはどうするの、って。八百屋さんで菜っぱをくるむ、家具屋さんで家具の保護に使う、工場で油の粗拭きに使う、防虫剤代わりにお雛さまの箱に詰める、敷物がわりにする、拭き掃除に使うなど、いろんなところで便利に使われているではありませんか。

はっきり言って、六品目が残らずキッチリ分別収集され、リサイクルされたら、わが国の家庭から出るごみの問題はなかば片付いたようなものです。

あなたの町では、これだけの品目の分別収集をしていますか。

あなたは、分別収集に協力していますか。

分別収集は、めんどうくさいですか。

めんどうくさい人は、はじめから、ごみを家の中に入れないことです。ごみの中でいちばん多い包装をことわることです。

3　まず包装をことわる

本屋さんで文庫本を一冊買いました。まず、本にカバーをしてくれます。それから、カバーした本を紙袋に入れてくれます。持って帰って紙袋から本を取り出そうとしたら、いっしょに近刊案内の冊子が入っていました。

ふつう、カバー紙、紙袋、冊子、すべて帰宅と同時にごみ箱行きでしょう。買った文庫本よりも、ごみの方がかさが高かったりして。

「本、そのままでいいです」

こういうと、カバー掛けの手間も、袋代も助かるので、本屋さんは喜びます。

スーパーでポリ袋をことわると、カードにハンコを一つ押してくれます。ハンコがたまると金券をくれます。その上、お礼まで言ってくれます。
喜ばれて、トクすることもあって、手間とごみを減らせて、包装を断るとこんなにいいことがあります。

「包装、いりません」「袋、いりません」「カバーいりません」

たった一言です。

この一言が言えない人はいませんか。

親しい友人とはいくらでもおしゃべりできるのに、知らない人と言葉をかわすのは苦手、というタイプが増えてきました。こういう人は、住んでいる地域の付き合いを狭くしています。人に声をかけるのに慣れていないと、お店での一言が気軽に出てきません。

ご近所の人に、朝夕のあいさつをする習慣から始めましょう。「おはようございます」「こんにちは」「こんばんは」、その一言が、自然に出てくるようになったとき、「包装いりません」、どこでもいつでも、すぐ言えるようになるでしょう。

容器包装リサイクル法が実施されると決まった頃、スーパーはいちはやく発泡スチロールのトレー、牛乳パック、アルミ缶、ポリ袋などの回収箱を置きました。一つのスーパーが置くと、たちまち近辺のどのスーパーも置くようになりました。良心的なエコショップであることをアピールするのに、遅れはとらじとがんばったようです。

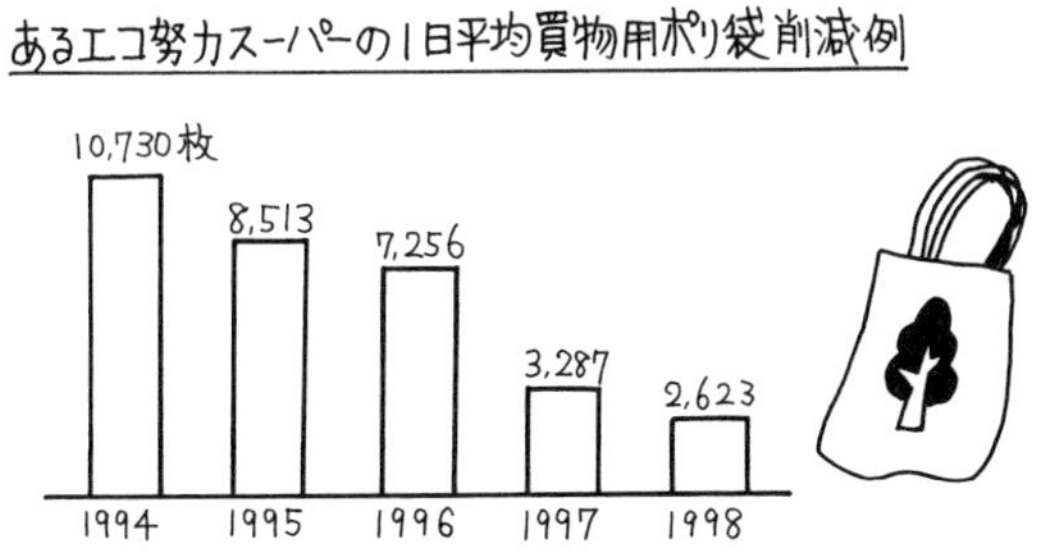

私はそれまで、缶と牛乳パックは回収運動をしている団体に出していましたが、トレーとポリ袋はごみに出していました。スーパーが回収をはじめたとたん、わが家のごみは半分に減りました。週二回のごみ収集日に、一回だけ出せばすむようになったのです。これにはびっくりしました。

トレーやパックをスーパーの回収箱に入れている人は、同じお店で再生紙のロールペーパーや、再生プラスチックの日用品を買いましょう。回収箱に入れるだけでなく、製品に再生したものを買う人がなければ、リサイクルは続きません。

今では、市町村も支所や公民館などに回収箱を常設したり、資源ごみの回収日を決めたりして、紙、プラスチック、びん、缶などを回収しています。もっとごみは減るはずです。

だのに、なぜでしょう、ごみ収集日、ごみステーションの山はいっこうに低くなるようすはありません。

「分別収集するようになっても、一般ごみは少しも減らないんですよ」

清掃局の職員が、がっかりしたように言ったことがあります。

つい「いらない」と言いそびれて受け取った包装材、それを分別収集に出しそびれて、一般ごみに突っ込んでしまう、こんなところではないでしょうか。

もらわなければ、ごみは増えません。処分の手間もかかりません。まず、容器包装をできるだけ減らすことです。

いくら、分別収集が行われても、基本はやっぱり容器包装をことわることですね。

4 生ごみを減らそう

容器包装ごみと重さがほとんど変わらないほど多いのが、生ごみです。

生ごみと言えば、調理くずや食べ残しを指すように思いますが、ここでは生ごみとは食品一般を指して言うことにしましょう。

食べ残しが出ないように、適量を作ったり、盛り付けたりする知恵は、だれでも思いつきますが、意外に知られていないのが、賞味期限を過ぎてしまった食品です。とくに保存用や頂き物の加工食品で、うっかりしている間に冷蔵庫や食品棚の中で古くなってしまったものがたくさんあります。

生ごみの一割以上が、ムダに捨てられる期限切れ食品で、これは増える一方です。

加工食品は、かならず容器包装つきですから、ごみの量も増えます。いつか食べるだろうと、家族の人数や嗜好を考えず、セールなどにつられて買うことのないようにしましょう。

それから、いただきものの賞味期限切れがあります。いただいたものの、少しだけ味見して家族の好みに合わないため、あとは冷蔵庫の場所ふさぎになっているものが、

残念ながら オレさまの賞味期限には
まだ 至っていないようだ

けっこうあります。いただきものはむげに捨てられないし、口には合わないし、そのうちに月日が経ってしまいます。

人様にお中元、お歳暮、お土産、お返しなどをするときは、つい自分の好みで選んでしまいがちですが、気をつけましょう。

調味料とか洗剤はどの家庭でも役立つだろうと思って、大手メーカーの贈答セットを贈っても、もらった人は迷惑かもしれません。合成洗剤でなく石けんを常用し、味噌は産地直送の無農薬米と大豆で手作りし、醤油は昔ながらの三年醸造を求める、という自然派が増えています。

余談ですが、こんな話を聞きました。

入院見舞いの定番といえば、花を思い浮かべますね。でも、最近、花のお見舞いをことわる病院が出てきました。

花によっては香りが強かったり、見事に咲かせるために薬品をたくさん使って栽培していたりします。香り、花粉、残留農薬など、病人にとってはもとより、健康な者にも要注意です。

病室はたいてい大部屋ですから、同室の患者さんたちの中には、どんな病気の方がおられるか、アレルギー体質の方だって少なくありません。

病室に、温室栽培の花を持ち込むのが危険で無神経なことを、この話を聞いてうっ

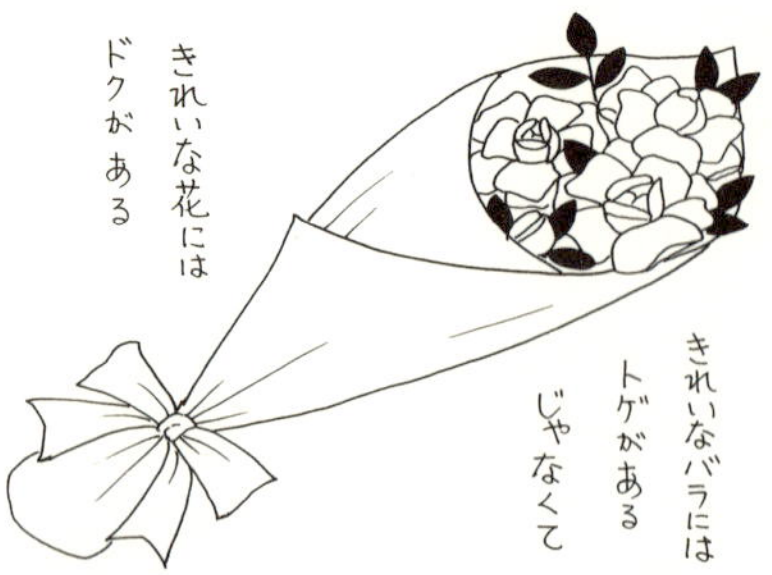
きれいなバラには
トゲがある
じゃなくて
きれいな花には
ドクがある

かり者の私ははじめて覚りました。

プレゼントは相手の好みをよく知った上で、時節や場所柄に配慮して選びましょう。あなたのせっかくのプレゼントが、ごみを増やしているかもしれません。

ついでながら、病気見舞いにいちばん喜ばれるのは、現金です。いくらあっても重宝しますし、お返しに余計な出費をしなくてすみます。明るい色とデザインのカードに、やさしい一言を書いて添えて下さい。

話がそれましたが、ほとんど手付かずの、あるいはまるまる手付かずの賞味期限切れの食品を捨てることのないように、買い物には気をつけましょう。

好みでない食品を贈られたら、贈り手と付き合い範囲の違う親類や知人で、それが好きな人に、早めにもらっていただきましょう。

あなたの不要品はほかの人の必要品、あなたのごみはほかの人の有用品、ここでも地域との付き合いが生きてきます。

5　生き生きバザー

私の地域の公民館では、利用団体連絡会（利団連）が、決まって盆暮れの後、恒例のバザーを開きます。

バザーは盆暮れの贈答品の多い時期が、いちばんたくさん品物が出るので、人も集まり、活気があります。

主催者は、公民館にバザー会場を準備して、地域の人たちに「何月何日何時からバザーをします。出店したい人は何月何日までに××まで申し込んで下さい」と、ニュースとポスターで呼びかけます。

申し込んだ人は、お中元やお歳暮の不要品、衣類や日用雑貨などを持ってきて、割り当てられた机に並べ、自分で売ります。売れ残ったら、また持って帰ります。最後に、純利益の一割を、自己申告制で主催者の利団連にカンパします。

贈答品や不要品などはまるまる純利益になりますが、中には自家製のケーキやクッキー、ジャムなどを売る人もあり、その材料費を差し引いたのが純利益です。

カンパのお金は、利団連の公民館活動をはじめ、全国各地の災害救援カンパ、スラム労働者への越冬資金カンパなどに役立てられます。

見ていたら、売上げでほかのお店からほしいものを買ったり、お互いに古着の取り替えっこをしたり、値段の交渉をしたり、楽しくやっています。時には、喫茶店も開かれます。

あなたの町や学校などでも、あちこちでバザーが開かれることでしょう。お互いに、要らないものを交換して役立て、ごみを減らし、サイフを助ける知恵です。

粗大ごみの日、どんなにたくさんのまだ使えるモノ、真新しいモノが捨てられてい

るでしょう。とくに、年度末の三月、夏休み前の七月、年末の一二月はとび抜けてたくさんのごみが出ます。「三ツ山型」と言われるくらいです。

そんな粗大ごみの中からまだ使えるものをもらってきて、バザーに出している友人がいます。Aさんです。一〇客分そろった漆器の膳と食器をもってきたことがあります。真っ黒にすすけたガタガタの木箱から、つやつやした漆器が次から次へと取り出されるのを見て、みんなびっくりしました。公民館でボランティアの料理指導をしているKさんが、とびついて三、〇〇〇円で買いました。

Aさんは、新品に近い雨傘を十数本出したこともありました。骨が折れたり布が汚れたりして捨てられた雨傘の部品をばらし、骨、柄、布、先端のきれいなのだけを組み合わせて、再生しました。一本三〇円、電車のお忘れ物傘のバーゲンより安い。バザーの途中で雨が降り出しました。すると、Aさんは一本一〇円に値下げしました。「人の弱みにつけこむような商売はしたくない」んだそうです。

子どもの衣類はすべてバザーで、という若いお母さんもいます。自分も三〇円のTシャツに一〇〇円のジーンズで、はつらつと幼稚園のボランティア活動をしています。

地域の人間関係を築くことは、地域に根づくこと。根づいた地域で衣類や日用雑貨を使い回し、モノや情報を交換しあっているうちに、全体としていつかごみは減っているでしょう。

6　オッチャン、ごくろうさんです

最近は、区域ごとに資源ごみの収集日があります。例えば、ガラスびんの分別回収です。びんはフタを取り、洗って、色別に回収箱に入れるよう、ルールが定まっています。

洗わない、フタを取らない、透明も茶も緑も色分けせずにゴチャゴチャに入れる、そんなルール違反のガラスびんがわずかに混じっただけで、リサイクル業者は引き取ってくれず、みんなが協力して持ち寄ったガラスびんがすべて、資源からごみに転落しかねません。

お隣りもお向かいも、ガラスびんをきれいに洗うたはる、自治会役員のオッチャンは、朝早うから回収箱だしてくれてはる、ごくろうさんやなあ、と思うとき、人はいいかげんなごみの出し方ができなくなります。

地方の小さい市町村ほど、容器包装リサイクル法がしっかり守られている、といいます。ごみの分別収集が、キッチリやれているのです。

地域に根づいた暮らしがあるからです。地域の人間関係ができている、顔の見える関係の中で生きているからですね。

それと対照的なのが大都市です。六品目の分別収集が、まだできていないところが

いくつもあります。人口が集中し、大量に消費し、大量のごみを出す大都市こそ、分別収集やリサイクルの効果は大きいのに、その大都市がいちばんごみ問題の取り組みができていない、これは「顔の見える人間関係」の希薄さにあります。

地域に顔の見える関係を持たない人は、資源ごみの分別回収に参加しようとしないでしょう。何でもみな一般ごみの中に放りこんで捨ててしまうでしょう。

出すには出しても、出し方は粗雑になるでしょう。配られた「ごみ出しマニュアル」は読まず、びんは洗わず、缶はつぶさず、びんはポリ袋に入れたまま箱に放りこむかもしれません。だれかがそれを袋から出して、洗って、つぶして、仕分けをしなければならないことなど、希薄な人間関係では見えてこないからです。

「役員のオッチャンごくろうさんです」

たった一言の言葉から、相手の笑顔が映り、思いやりが生まれ、それがごみ出しの行為の中にあらわれてくるものです。

あなたの生活圏をたいせつに育てて下さい。ごみ減らしは、暮らしのあり方に深く関わっています。

7　買い物はごみの源

買い物はすべていつかはごみになります。

すぐごみになる買い物はしない、その第一が、すぐ捨ててしまう容器包装をできるだけ減らし、保存食や贈答品に配慮することでした。

それから、地域で「顔の見える関係」をつくり、ほかの人のごみを自分の用に役立てるバザーなどで、地域ぐるみ買い物とごみを減らすことができました。

いよいよ、実際に買い物する段です。何よりも「必要なモノだけを買う」ことが大切なのは言うまでもありません。でも、これがムツカシイ！

モノが欲しい、という焦げつくような欲求は、ある日突然襲ってきます。デジタルカメラが欲しい、ウクレレが欲しい、ブランドもののスーツが欲しい、高価で貴重なものが欲しいときほど強烈です。

その欲求に逆らってがまんするのが、かならずしもいいことではありません。がまんしようとすると、もっと欲しくなります。古くから「せかれて、つのる恋の道」という言葉もあるではありませんか。じゃまされると、いっそう燃え上がる恋心です。欲しいものに対する欲求は、恋心と同じです。

あなたは、ちゃんとご飯を食べていますか。三度三度、外食とかファーストフードとかインスタント食品とか、そんなもので済ましていませんか。おやつの袋菓子をよく口にして、ご飯時に食欲を失っていることはありませんか。生の野菜や肉や魚を買ってきて、調理したご飯を日に一度は食べていますか。

やたらモノが欲しくなる、あれもこれも、次から次へと新しいモノが欲しくなる、どうしようもなく渇望してしまう。そして、買ってみると、すぐにまた、次のモノが欲しくなる。こんな人は、健康な食事をまず取るようにして下さい。

次に、欲しいモノを買うためにお金を貯めて下さい。アルバイトしてもいいし、ほかのモノを倹約してもいいし、買い物計画を立てましょう。

いい食事をするようにして、欲しいモノを買うための計画的な貯金をはじめて、しばらく経ってまだ欲しかったら、買います。こうして買ったモノはたいせつに使うでしょう。

自然の素材中心の食事をしていない人の体は、栄養のバランスがとれなくて、生理的に欲求不満になっています。手軽な加工食品に含まれる化学添加物は、そういう欲求不満やイライラに手を貸します。その欲求がはけ口を求め、モノに向かって走り出すこともあるでしょう。

「買い物は、お腹がいっぱいのときに行こう」という定言があるくらいです。お腹がいっぱいとは、昔流の生理的欲求が満たされている状態をさすのでしょう。

欲求や感情のはげしい子どもを持った親は、毎日つくっている食事の中身を改めて眺めてみて下さい。体をつくるのは水と食べ物です。この二つは、ハード面の体もつくりますが、ソフト面の生理にも影響します。

生理的にも精神的にも落ち着いた環境をつくることが、浪費を減らし、ごみを減らし、住みやすい社会につながります。それは毎日毎日の健康なライフスタイルの積み重ねの中にあります。

あなたのライフスタイルを少しばかり客観的に観察して、それから、この本の一八六ページを見て下さい。かしこい買い物の仕方が載っています。

8　リサイクル社会はそこにある

最近、ごくふつうのお店でも、リサイクル製品を置くようになりました。お店の人も、それがリサイクル製品と知らずに売っている場合もあります。

例えば、プラスチックのボールペンです。棚に置かれている一本一〇〇円前後のボールペンの中には、ペットボトルの再生プラスチックと、再生品でないものが、仲良く混じっているはずです。でも全然見分けがつきません。値段も使い勝手も全く同じです。

私は、スーパーでプラスチックのごみ箱を買いました。パステルカラーのお洒落な色合いで、値段も手ごろでした。大阪南港の貿易センターで開催されたエコグッズ見本市で、それと同じものを大手メーカーのブースで見つけました。手にとってしげしげと眺めましたが、自宅のと同じです。どこにも再生品という表示がなかったので、買ったときは、気がつきませんでした。

買物に役立つエコラベル

（ペットボトル）　（省エネルギー機器）　（牛乳パック）　（再生紙）

私は、再生品には、その表示をしてほしいと思います。そうすれば、再生品を選んで買えるからです。しかし、メーカーさんの判断は違うようです。再生品であるという表示をつけると、「消費者が選んで買わなくなる」というのです。

メーカーの市場調査は多分正しくて、日本の消費者の最大公約数は、まだそんなレベルなのでしょうね。早く、リサイクル製品がまず選ばれるグリーンマーケットをつくりたいものです。

エコグッズを選ぶ消費者が増えるにつれて、分別収集からリサイクルへという循環型経済社会が、自然なかたちでできあがっていくでしょう。

ごみとリサイクル問題について、私は最近ちょっとしたカルチャーショックを受けました。

大阪府消費者団体連絡協議会は、毎年消費者問題にかかわるテーマで、府民の作文コンクールをしています。小学生から高齢者まで数百人の応募があり、その中から、知事賞をはじめ優秀賞や佳作が選ばれます。

今年のテーマは「ごみ」でした。

私も選考委員の一人として、たくさんの作文を読みました。読んでいるうちに、中高年層と若い層には、それぞれの傾向があることに気づきました。

ごみ問題について、中高年者は主に「ごみ減らし」に重点をおいて書いているのに対し、若い人たちは「リサイクル」に重点をおいて書いています。

ごみになるものを生かして何を作ろうかと工夫する楽しさ。それを使うられしさ。リサイクルの知恵を、趣味や進路やビジネスチャンスにつなげようとする夢。若い人たちの作文は、否定的になりがちなごみを前向きにとらえて、明るさを発散していました。

前向き感覚の若い人たちがになう将来は、ごみのイメージがずいぶん変わるかもしれません。

二十一世紀の歩みとともに、ごみを出さない百パーセント再資源化の循環システムを作り上げているかも。リサイクルビジネスは主要産業になっているかも。

9 初級から本格的なごみの環境家計簿へ

初級をマスターしたら、もっと上を目指しましょう。

第五章に、本格的なごみの環境家計簿のつけ方が載っています。

ごみの場合は、初級の記録表をそのまま本格家計簿に使えますから、切り替えもかんたんです。

大、中、小ではもの足りない、もっと正確に自分が出すごみの重さを知りたい、とだんだん思うようになるでしょう。

そして、重さを計ってみてはじめて、自分が「大」と判断したのは何キログラムぐらいで、「小」と判断したのが何キログラムぐらいだったか、ということも把握できるでしょう。

ぜひハカリを一つ買って、挑戦してみて下さい。

この本では、初級の環境家計簿については「電気」「水道水」「ごみ」の三種類だけを取り上げました。

本格環境家計簿には「ガス」を増やしています。

これだけでなくて、「クルマ」「住まい」「災害防止」「趣味」……など、環境家計簿のテーマはさまざまです。

この本をもとに、一通り環境家計簿のつけ方をマスターしたら、自分流の環境家計簿を作って実行するのもいいでしょう。

あなたの暮らし、少し客観的につかめてきましたか。

次の章では、環境家計簿は、どんな親からどうして生まれてきたのか、その生みの親はほかの場所でどんな役に立っているのか、というようなことを書きましょう。

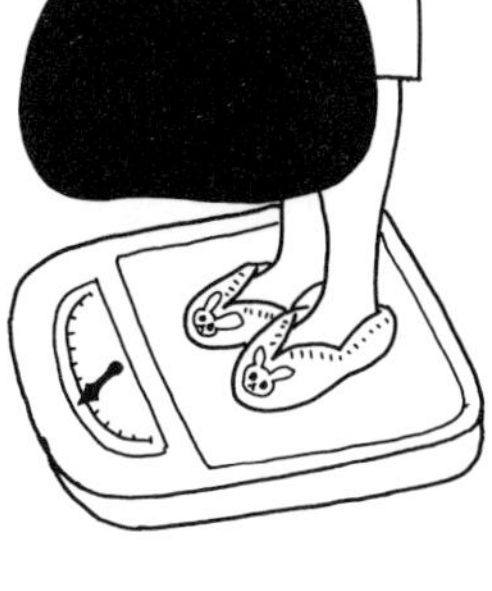

体重計に、
ごみ袋を持ってのり、
次に持たないでのると、
重さに差が出ます。
それが、
ごみの重量です。

第4章

環境家計簿の誕生とかしこい消費者

1 環境家計簿の生みの親

環境家計簿は、どうしてつくられたのでしょうか。どこから来たのでしょうか。

「環境家計簿」という言葉は、日本では環境庁が初めて使いました。そのネーミングで、環境庁は日本初の環境家計簿をつくり、まず自治体などに配布しました。

それは、ブラジルのリオデジャネイロで、地球環境サミットが開かれた一九九二年から、数年後のことでした。

続いていろいろな民間団体が、次々と環境家計簿を作って出しました。数カ月ごとにテーマを変えてつけるもの、毎日記録するもの、いくつかのテーマをいっぺんにやるものなど、使い方や内容はさまざまでした。

一九九六年に、当時、環境監査協会の代表取締役であった山田國廣さんは、『1億人の環境家計簿』という本を藤原書店から出版しました。

山田式環境家計簿の登場です。

この環境家計簿を使って環境家計簿運動に取り組んだのが、関西生活協同組合連合会です。関西生協連と呼びましょう。

「環境家計簿は継続がたいせつである」というセオリーの通り、関西生協連は、一九九六年以来ずっと環境家計簿運動を続け、つける人数も数百人にのぼっています。環

境家計簿運動のリーダーとしての内部監査人も養成し、各地の生協や公民館講座やNGOの講座に講師として派遣しています。

一九九七年前後には、テレビやラジオ、週刊誌などが、環境の時代のユニークで新しい消費者運動として、こぞって取り上げました。

使いやすく効用が高い山田式環境家計簿を編み出した山田さん、そして、それを実践し普及した関西生協連の組合員、こうして環境家計簿は消費者の間にしだいに広まっていきました。

市町村でも、それぞれに環境家計簿の冊子を発行して、市民に配るようになりました。今や日本中で発行されている環境家計簿のほとんどが、山田式です。違う形式で出していた団体も、この形式に合わせてつくり直したりしています。それほどすぐれており、環境家計簿として必要な要素をすべて備えている、といっていいでしょう。それに、とても融通のきく特徴を持っています。

これまで私が書いてきた初級の環境家計簿は、山田式が基本になっています。

関西生協連のように、団体で環境家計簿運動に取り組む場合は、学習会や講習会を開いて準備し、つけ始めても仲間がいるので互いに相談したり、励ましたりできます。一年ごとに、ＩＳＯ一四〇〇一と同じように監査を受けることもできます。

しかし、一つの家庭で家族だけで環境家計簿をつけようとすると、この後に載せるような本格的な環境家計簿に、初めからいきなり取り組むのは少し荷が重いかもしれません。

そこで、家族の協力をとりつけたり、数字の計算や記録に慣れるまでの、初歩のステップとして、だれでも気楽につけられるような「初級」環境家計簿を考案してみました。

「初級」は次のステップへの踏み台でもありますが、これだけでも完成された環境家計簿です。初級を続けても、十分に成果は上がるようにしました。

また、本格的な環境家計簿については、関西生協連の皆さんのたくさんの経験を参考にさせていただいて、私なりに自己監査表をつくってみたり、家族それぞれのチェック表やマニュアル表を用意したり、一家庭でもつけやすいように工夫しました。

ところで、山田式は山田さんの独創でしょうか。

実は下敷きがあります。もとになっているのは、国際環境規格である「ＩＳＯ一四〇〇〇」です。

企業向けにつくられたＩＳＯ一四〇〇〇を、家庭向けにアレンジしたものがこの環境家計簿なのです。

2　ISO一四〇〇〇の成立

今、地球上では、深刻な環境破壊の数々が起こっています。

とりわけ大きな環境破壊は、温室効果ガスといわれる炭酸ガスやフロンなどが増えたために、地球の気温が上昇して起こる温暖化現象です。

温暖化の最大の原因である炭酸ガスを大量に出しているのは、企業の生産活動です。これまで企業は、限りある天然資源を原料にして、エネルギーをたくさん使い、大量の工業製品をつくってきました。

これまで工業製品は、要らなくなると捨てられてごみになり、再生して使われることはほとんどありませんでした。

これから企業が、省エネ、省資源、リサイクル型の生産活動をするようになれば、環境破壊は大いに防止できるでしょう。

一九九二年のリオの地球サミットでは、地球の環境破壊を防止するために、人類は何をすべきかが話しあわれ、「アジェンダ21」という行動計画が合意されました。

どうすれば、企業が環境配慮型の行動をするようになるか、その方策として、企業に対する環境規格がつくられることになりました。

国際環境規格の制定を引き受けたのが、国際標準化機構（ＩＳＯ）です。

ISOは、製品やサービスの国際取引を容易にする目的でつくられたNGOで、各国一団体が加盟しています。日本からは日本工業標準調査会が入っています。

一九九六年一〇月に、国際環境規格ISO一四〇〇〇は世に出ました。同じ月に、日本はISO一四〇〇〇と同じ内容の環境JISという国内環境規格を出しました。

同じ内容であれば、国内だけよりも世界で通じる国際規格の認証の方がいいので、多くの日本企業は、環境JISよりもISOを選んでいます。

ISO以前にも環境規格を制定している国はありました。とりわけイギリスのBS七七五〇、EUのEMASなどがすぐれています。ドイツの「ブルーエンジェル①」は、環境規格のシンボルと言われるほど、たいへん信頼度の高いエコラベルです。日本の「エコマーク②」も、早く「ブルーエンジェル」のように高く評価されたいものです。

ISOはこうした先進の規格を参考にしましたが、途上国を含めさまざまな国が実施しやすいように、比較的ゆるやかにつくられています。

3 ISO一四〇〇一の手順

ISO一四〇〇〇シリーズのトップにある一四〇〇一が、環境マネジメントシステムです。

①ブルーエンジェル
一九七八年ドイツで開始された世界初の第三者認証のエコラベル。環境担当大臣が認証の決定権を持ち、環境省、資源保護省、原子力安全省が任命する専門委員会において実施します。

②エコマーク
環境省の指導のもとに、(財)日本環境協会が規格を出し認証します。

ＩＳＯ一四〇〇一の認証を受けるために、企業は何をすればいいのでしょうか。かんたんに言うと次のようになります。

最初に、会社のトップは、ＩＳＯ一四〇〇一の認証を取ることを宣言し、準備をすすめます。

そして、会社としての環境方針を立てます。方針に沿って環境マネジメントをする前に、不備なところはないか、社内を総点検しなければなりません。

ＩＳＯ一四〇〇一は、社内の機構整備がたいせつです。組織はうまく動いているか、各部課は連絡がスムーズにいっているかなど、チェックします。

それから、電気や水の使用量、ごみの量や出し方、リサイクル原料の割合、騒音、悪臭、排気、排水、機械整備、照明、安全防災対策など、くまなく調べて、設備を改善したり、故障を修理したりします。

点検して掌握できた実績をもとにして、省エネ、省資源、リサイクルなどについて、年間これくらいやる、という目標を立てます。その目標が達成できるように、実践マニュアルをつくり、社員全員で実践し、環境マネジメントを実践します。

一年経ったら、第三者の審査登録機関に監査してもらいます。

監査の結果、社員はみな環境方針を理解して、環境マネジメントを実践していると認められ、また、節電やリサイクルなどが目標の通りにちゃんとできていたら、その会社は認証されます。

環境規格の認証の期間は四年です。認証企業であり続けたいなら、環境マネジメントを毎年継続しなければなりません。

これを、家庭におきかえてみましょう。

4　環境家計簿の手順

本格的な環境家計簿は次のようにやります。詳しいやり方は第五章で書きますので、ここでは会社の環境マネジメントと家庭の環境家計簿が、どれだけ似通っているか対比させてみて下さい。（以下図2を参照）

家族のだれかが、環境家計簿をつけよう、と提案します。

家族みんなで、なぜつけるのか話しあって、「わが家の環境憲章（方針）」を作ります。環境保全についての家族の気持ちや考えを、率直に綴ればいいのです。

家族一人一人のエコレベルをチェック表でチェックし、レベルに合わせて、目的、目標、マニュアルを決めます。

目的は電気、水道水、電気と水道水、電気と水道水とごみというように決めます。

目的が決まったら、どれだけ減らすかという目標を立てます。目標は、何パーセント節電、何パーセント節水というように、かならず数値で立てます。

各社のＩSO 14001 認証マーク

家族全員の実践マニュアル、家族それぞれの実践マニュアルをつくり実践します。実績を毎月、毎回、記録表に記入します。

一年経ったら、記録表を見て、家族で評価します。こうすればもっといいんじゃないかなど話しあって、目的、目標、マニュアルの見直しをします。

見直しの結果、次期の目的、目標、マニュアルなどを改定し、続けてやります。

環境家計簿のやり方とＩＳＯ一四〇〇〇のやり方は、全く同じです。

企業がやるようなむつかしいことを、家庭ではとてもできない、と思われたかもしれませんが、家庭でもやれるようなことを、会社でもやっているのです。

かしこい企業は社内で環境家計簿講座をひらいて、社員の家庭に奨励しています。社員がエコの生活習慣を体得すると、会社の環境マネジメントもうまくいくからです。

会社の方針を家庭にも持ち込むような会社人間づくりはイヤですが、こと環境問題に及べば、それは地球人間づくりです。ＩＳＯ一四〇〇〇と環境家計簿の連携、大いにやってもらいたいと思います。

5　デメリットを恐れて認証へ

ＩＳＯ一四〇〇〇を、しようと、するまいと、それは企業の自由です。環境家計簿を、つけようと、つけまいと、家庭の自由であるのと、同じです。

図２　環境家計簿のフロー

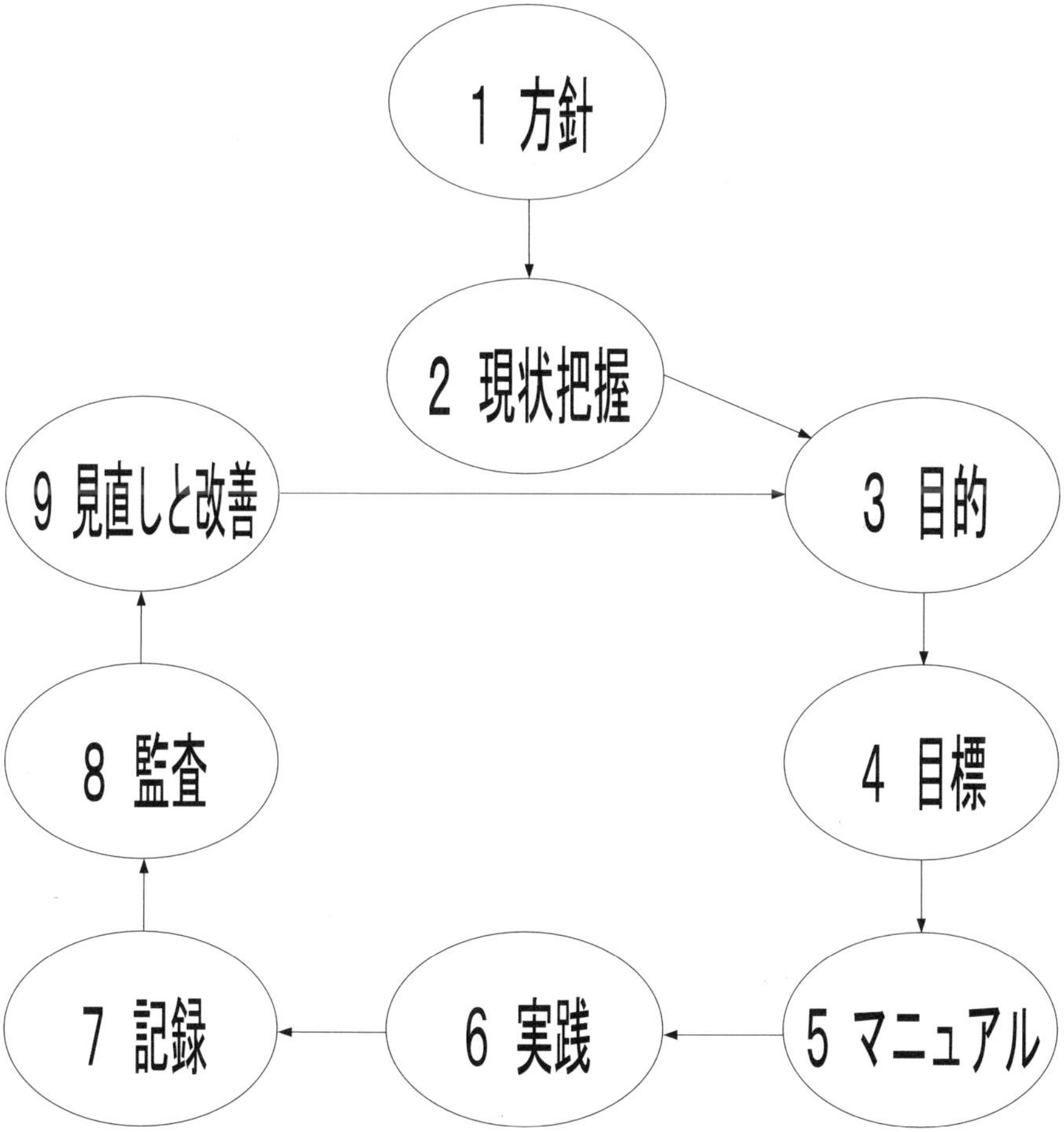

企業は、環境を守ることを何よりもたいせつに考えて、積極的に環境マネジメントを実施し、ＩＳＯ一四〇〇〇の認証取得に取り組むのでしょうか。だれもそうは思いません。企業では、環境よりも利益が優先します。

会計監査を、企業はかならず受けなければなりません。会計監査に向けて準備を怠りません。これは企業にとって、やらざるを得ない業務です。

新たに環境監査を手掛けることは、ずっとやってきた会計監査をするより、企業にとって負担は大きいはずです。しかも、会計監査とちがってやる義務はありません。やらなければどんなに楽でしょう。

それにも関わらず、お金をかけて人をかけて仕事を増やしてまで、ＩＳＯ一四〇〇一の認証を取る企業が増えています。何かメリットがあるのでしょうか。

ごみの章で、あるスーパーが資源ごみの回収箱を置いたら、近隣のスーパーがみな置くようになったことを書きました。

回収箱を置くと、それだけではすみません。回収した資源ごみを仕分け点検して保管し、場合によっては業者まで運搬し、そのリサイクル製品を店頭販売しなければ、リサイクルは完了しないし、客はなっとくしません。

現に私のようなおばさんが、牛乳パックの行方を追求したり、その再生品の売り場をたずねたりします。店員が明確に答えられないと、たちまち地域で「あのスーパー

スーパーに、牛乳パック持って行って
ロールペーパー持って帰る。
これでリサイクル完了。
再生紙100%
ロールペーパー

の回収は見せかけのようよ。集めてはごみに出してるみたい」「あの店に行くのヤーメタ」と言われてしまいます。

労して功なし、労働強化になる割にあまり経済効果がないが、それでもやる、というスーパーの姿勢の背後には、近隣スーパーとの闘いがあります。「なんとかしてお客を引きつけなければ！　エコでクリーンなイメージを売りこまなければ！　よそに負けてはいられない！」という競争意識です。「うちもやらなきゃ、よそと差がつけられてしまう！　客をとられるかもしれない！」という危機意識です。

ＩＳＯ一四〇〇一の認証も、同じことが言えます。

取るメリットよりも、取らないデメリットが大きく見えるのです。

国際市場でも、各国政府や自治体でも、ＩＳＯ一四〇〇〇の認証が取引や調達の大きな条件になる場合があります。認証をもたない企業は、貿易市場で肩をならべることができない、大きなハンディを負うことになります。

取らないデメリット、取るメリット、広い国際舞台でも同じですね。国内の企業の間でも同じです。

例えば文具メーカーです。文具はリサイクル原料を活かしやすい商品です。再生紙は、早くからプリント用紙やノートとして登場しました。なみいる文具の大手メーカーの中で、ＩＳＯ一四〇〇一の認証がないメーカーを探す方がむつかしいのではないで

しょうか。

親会社が認証を取る場合、系列の子会社や下請け会社も取らざるを得ません。製品の部品にも環境規格が要るからです。

下請けが、「うちは取らない」などと言うと、たちまち部品を買ってもらえなくなります。余分な人手や経費がかかるので、「この苦しい時期に、ほんまに泣きますわ」とボヤいています。それでもやります。

6　こんなにあるメリット

では、メリットの方はどうでしょうか。

手順の最初に書きましたね。

環境マネジメントを始める前に、社内の不備や公害や故障をチェックして、改善整備しておく、って。

また、環境マネジメントは、社員全員で取り組むことになっています。社員は環境方針を暗記できるくらい知っていて、マニュアル通り実践しなければなりません。

ある工場の責任者が、審査の現場について話してくれました。

「監査人が、そこにいたパートの組立工に、いきなり質問を始めたんです。あなたの仕事で出る屑はどの屑箱に入れますか。あとは立て続けでしたね。あなたが受け持っ

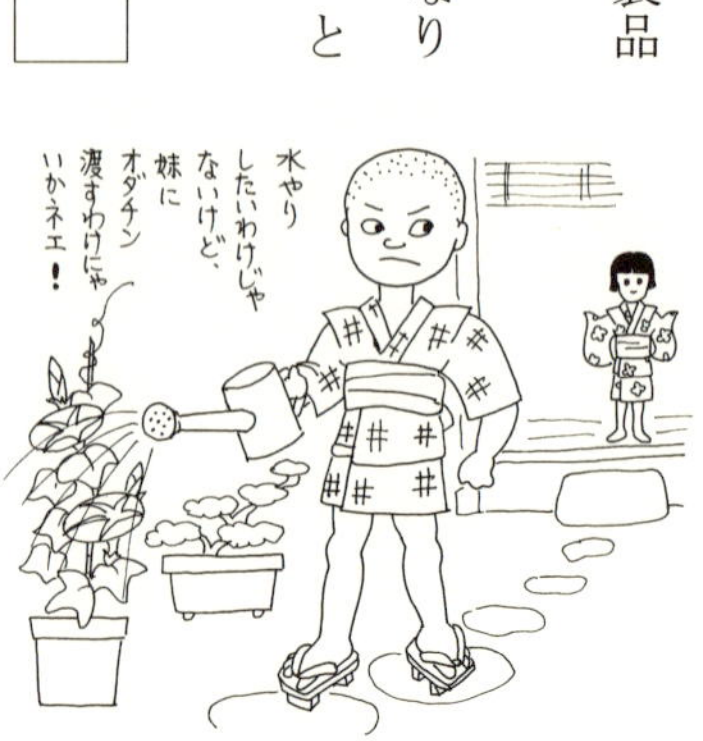

ている作業工程では、どんな環境配慮をしているか、それは何のためにするか、ってね。私はキモが冷えましたよ。ここでトチられたら認証はパーですからね。組立工のおばさんはきちんと答えてくれました。あのときは、そのおばさんに後光が射すように見えました」

「へーエ。それで、そのおばさんに、特別ボーナスは出たのですか」

社員全員が、環境方針と自分の役割を知ることによって、仕事の効率も上がるし、自覚も高まります。

こうして、社内管理がいきとどき、経営がうまく運ばれるようになります。これが第一のメリットです。

リスクカバーもあります。

騒音や悪臭や汚水のような公害は認証企業としてはもってのほか、万全を期するようになります。設備上の不備はなくなり、安全対策がとられ、換気や照明も適切になり、職場は働きやすくなります。

公害がなくなり安全度が高まると、保全対策やリスク保険のコストが下がります。そこで、必要経費を減らすことができます。

騒音や悪臭がなく、近隣住民の雇用にもつながる会社は、地域社会といい関係ができます。

また、そういう企業は社運にかかわるような大きな災害を出す危険からも、免れることができます。最大のリスクカバーです。

結果、会社の評判がよくなります。

評判がよくなると、製品もサービスもよく売れるようになります。

いい会社だと言うので、優秀な人材も集まってきます。

社会的信用が増します。

融資を受けるのも有利ですし、投資家も注目します。優秀な人材もいます。新しいビジネスの開拓分野もグッとひらけてきます。

さらに、最近は官庁でグリーン購入が主流になってきました。

役所や公共機関は、備品や消耗品にはいわゆるエコグッズを選び、公共工事の入札に参加する指定業者にもＩＳＯ一四〇〇一の認証を求めるようになってきました。出番はここにもあります。

貿易市場でも、認証が取引の条件になることが増えてきました。

この傾向は、今後ますます進むでしょう。

認証のメリットはとても大きいことが、しだいに分かってきました。今では、環境は利に反さないのです。環境配慮と利益とは、ＩＳＯ一四〇〇〇ができて以来、結びつくようになってきたのです。

企業の環境に対する姿勢は大きく変わってきています。よく勉強もしています。

では、消費者の方はどうでしょうか。

7　弱い日本の消費者

環境家計簿をつけると、消費者にはどんなメリットがあるのでしょうか。

節電、節水、ごみ減らしなどのメリットは、もちろんありますね。

それ以外にも、もっと大きなメリットが期待できます。

そのメリットについて書く前に、日本の消費者像についてちょっと考えてみましょう。

世界の経済先進国である日本ですが、消費者の権利は後進国です。日本経済で消費が占める割合は六〇パーセントもあるのに、マーケットにそれだけの力をもつ消費者の、政治的なあるいは社会的な力はあまりに弱すぎます。

国民はみな消費者でもあるわけです。高学歴社会なので知識のレベルは高いのに、消費者意識がこれほど低いのはなぜか、首をかしげるところです。

私はこれを「頭デッカチで、手足が細い」とたとえています。知識があるのに行動しないのです。地球温暖化は炭酸ガスの出し過ぎのせいだと知っていても、節電もしないし、クルマのアイドリングも相変わらずだし、座席を倉庫がわりにして山ほど不必要な荷物を積んで走るのもやめません。

原因はいくつか考えられるでしょう。

何よりも、日本の消費者はこれまで、必要な情報から目隠しされてきました。

政府や企業は、国民に情報を開示するのにひじょうに消極的でした。

お役所は明治政府以来の「知らしむべからず、よらしむべし」の態度を変えたがりませんでしたし、企業は「企業秘密」と称して社益に反することはヒタ隠して来ました。

海外のNGO情報は経済団体にはもたらされましたが、強力な全国組織をつくるほど力をもたない消費者団体には、受け皿がありませんでした。

表面は「消費者は王様」とおだて、裏面では「知らせるな、欲しがらせろ、捨てさせろ」という販売戦略が大手を振っていました。目隠しさせられて右往左往する消費者は、無知のためだまされて泣きを見る存在、保護してやるべき弱者と見られていました。だから、日本の代表的な消費者法は「消費者保護法」であり、消費者の権利を謳う「消費者基本法」はまだ作られていないのです。

消費者つまり国民は何もするな、お上がいいようにしてやるから、という政策は、国民の間にずいぶん徹底しています。私が水道水の安全性を求めて運動を始めたとき、ほかならぬ消費者仲間から「水道は市がしてる仕事だぞ。安全でないなんて、何考えてるんだ」と呆れられました。有機野菜の産直運動に参加したときも、「そんなに危ない農薬なら、国が許可するはずがないじゃないか」と笑われました。つい四半世紀前のことです。

弱い日本の消費者が強くなりはじめた最近のきっかけは、「情報公開」と「ごみ分別収集」であると、私は考えています。

8 情報公開と消費者意識

行政に情報公開を求める声が全国的に高くなったのは、二十年余り前からでした。一九八二年に大阪で、弁護士さんや会計士さんたちが、情報公開条例を制定したばかりの神奈川県の関係者を講師に招いて、情報公開法を推進させようという集会を開いたことがあります。

大阪大学助手であった山田國廣さんを代表とする私たちの団体は、水道水の塩素消毒によって生じるトリハロメタンを減らして水道水の安全を回復しようと、住民運動を始めたところでした。毎日飲んでいる水道水に、トリハロメタンのような発がん性物質が、たとえわずかでも含まれるのは大きな社会問題です。山田さんが海外からトリハロメタンの資料を取り寄せて調べ、捨てておけず運動を起こすまで、国民に何一つ知らせようとしなかった水道行政の㊙主義は許せないものでした。

集会で山田さんが報告すると聞いて、その朝会場に出掛けた私に、山田さんは「急に東京出張になりました。代わりに報告をよろしく」と告げるや、さっさと消えてし

不安におびえて
国民がさわぐから
これは

まいました。あっけに取られている間にプログラムは進行し、私はガチガチに固まりながら、生まれて初めてぶっつけ本番の報告をしました。

集会の主催団体の一つ、全大阪消費者団体連絡会の故下垣内《しもがいと》博事務局長が、飲み水汚染に強い関心を持たれ、翌年には協力して、全国の主要水道事業体に対する三年連続の実態調査を、情報公開運動にからめて行うことができました。情報公開を求める声が列島を駆けめぐる中、水道事業体からは九九パーセントの回答率を得て、全国の水道水質のほぼ全容がつかめました。

ＮＨＫが、水道水のトリハロメタン汚染を契機に、水の特集番組を作ったのもこの頃でした。それまでテレビでは、水の特集など取り上げたこともありませんでした。

「水は、谷川のせせらぎか蛇口から出る水くらいしか、映像がないじゃありませんか。水は『絵にならない』から、番組としては成功しないんです」

と、不遜にもディレクターは言い切りました。

ところが、番組はたいへんな反響を呼びました。

当時の厚生省が水道水のトリハロメタン情報を出さなかったので、私たちの全国調査の結果がグラフになってスタジオに登場し、初めてトリハロメタン汚染の実態が全国の視聴者に知らされたのです。

水道水のトリハロメタン汚染は一挙に全国的な社会問題になり、水行政は腰を上げないわけにはいかなくなりました。今では、とくにトリハロメタン値が高かった大都市部では、塩素消毒をオゾン消毒に切り替える高度処理法が実施されるようになっています。

情報公開の重要性とマスメディアの威力を実感した、初期の水問題の運動でした。その後、情報公開条例は各自治体で次々と制定されていきました。

すでにかなりオープンだったお役所では、情報公開条例がじゃまになる場合もあります。法律ができる前は、浄水場に電話して、「先月の取水量はどれくらいでしたか」とか「この夏はトリハロメタン値はどこまで上がりましたか」など聞くと、担当職員がその場で答えてくれていたのに、制定後は「本庁窓口で請求事項を申請書類に記入して提出して下さい。後ほど回答致します。集約は年ごとにしますので、去年の数値は出せますが、今年のはまだお出しできません」などと、お固いことをいうようにもなりました。まさに「仏つくって魂入れず」です。

不十分ではあっても情報公開法ができ、また、インターネットの普及で国内外のさまざまな情報に自由にアプローチできるようになり、このように必要な情報がこれまでよりもずっと多く明るみに出るようになって、消費者はしだいに目隠し状態から脱しつつあります。

しかし残念なことに、目の前に情報があるのに、自分で目隠しを取ろうとしない消費者が多いことも事実です。長年、権力者任せを強いられて来た日本の消費者の悪しき習性でしょう。その体質は、しだいに改められていますが。

このように、必要な情報が得られるようになってきたことが、消費者意識を変えるきっかけの一つです。そして、消費者を変えたもう一つの大きなきっかけは、ごみ減らしの取り組みであると思います。

9　ごみ分別収集が住民を変えた

ごみ戦争を、どの自治体も必死に戦っています。どことも、増え続けるごみの始末、とくに処分地を見つけるのに苦労しています。

そこに出て来たのが、一九九二年に改正された「廃棄物処理法」と、一九九五年に成立した「容器包装リサイクル法」でした。

この二つの法律は、日本のごみ施策を大きく変えもしましたが、一方で、住民の意識も大きく変えました。

自治体としては、骨の折れる仕事が二つ増えました。改正「廃棄物処理法」に沿って自治体の「ごみ条例」を改正することと、「容器包装リサイクル法」にもとづいて資源ごみの分別収集を実施しなければならないことです。

それ以前にも、市町村は住民にごみ減量を訴え、あるていどの資源ごみの分別回収

は、行っていました。

この施策は、市町村側からいうと、環境配慮が優先して行ったものではありませんでした。増え続けるごみに対して、ごみ焼却場や処分地はなかなか見つからないし、予定地の近隣住民の反対も強いし、こうなったらごみを減らすほかに対策はないと、いわば腹をくくったのです。

腹をくくるとはおおげさですが、ごみ減らしが住民の協力なしに行政だけでできるはずがないのは歴然としているので、これまで最も苦手であった住民との対話に踏み切ったのです。従来のお役所体質から見ると、たいへんな決断です。

どの自治体も住民のごみ問題意識の啓発にやっきとなりました。四百戸の集落では四百戸の、千戸の区域では千戸の家庭が、こぞってごみ減らしと分別収集を実践してくれなければ、この政策は達成できないのですから。

行政と違い、ごみ減らしは何よりも環境を守るためだと考えているのは住民です。民意に訴えようと、市町村が住民に配布するごみ減らしの啓発パンフレットには、まずごみ減らしと資源ごみリサイクルは環境を守るためであることを掲げ、次いでごみ処理にどれだけ多くの税金が費やされるかを載せています。

「容器包装リサイクル法」によるごみの分別収集が始まる前、市の担当職員は公民館や集会所まわりをしました。地元住民に集まってもらい、分別収集の意義を語り、資源ごみの出し方を説明し、住民の協力を求めて歩きました。当然、住民の生の声も聞くことになりました。

お役所が住民の声をしんけんに聞こうとする姿勢が、ここに初めて見られました。相手の言葉に耳を傾けなければ、自分の言うことも聞いてはもらえません。相手の協力がほしいなら、相手がこうすればいいという方向に沿ってやらなければ、実効は上がりません。

私は住んでいる市で、「ごみ条例をつくる市民の会」の会員になって、市との六回におよぶ交渉の場に出席しました。一消費者団体が提言する条例案を、どこまで市条例に反映させるかを話し合って、一年足らずの短期間に市が六回の討論の場を用意するようなことは、これまでなかったことです。私は、そこに市のごみ問題に対する「本気」を感じました。

それまで、お役所は「住民とは、自分のことばかり考えて文句を言ってくるウルサイ存在だ」と思っていたようです。

ごみ問題を契機に地域に入り、住民たちと膝を交えて話し合ってみると、住民がごみ減らしや市政について、参考になる意見を持っていることが判ったでしょう。お役所は、住民を市政に積極的に呼び入れ、その知恵や実行力を活用することで、物事がうまく運ぶのを知りました。

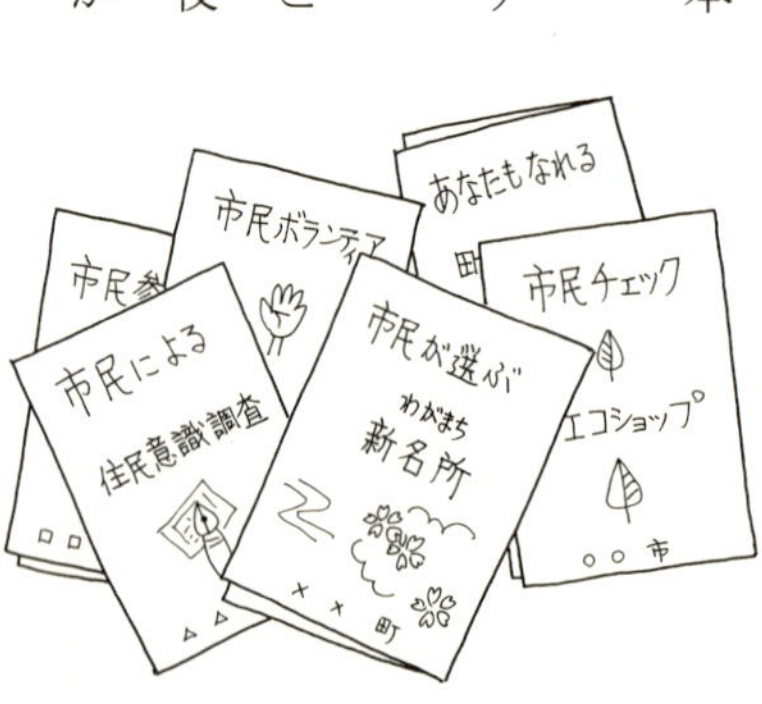

今では、先進的な自治体ほど市政や施策への住民参加を積極的に進めています。

お役所は、税金や職員を使わずに、市民のボランティア活動に肩代わりさせられるところだけチャッカリ肩代わりさせ、肝心のところはまだまだ官僚体質だという声もあります。その点は否定できないかも知れませんが、職員もまた人の子、住民と接している間に、職員が啓発され、考え方や態度が変わって行きます。

そして住民は、社会的な立場で発言したり行動することによって、これまでよりも広い視野をもつことができ、自信もついたのです。

さらに住民は、資源ごみ六品目の分別回収を、日常生活の中で実践することになりました。日本中の消費者が残らず、これほど手足を動かして環境配慮行動をする施策が、これまでにあったでしょうか。

今では、容器包装リサイクル法の最も誠実な遵法者は消費者であり、行政も企業もはるかに遅れています。国民はどうせこのていどしか分別回収できないだろうと、たかをくくって、リサイクルシステムや施設を十分準備しておかなかった行政と企業が、突き上げられています。

「容器包装リサイクル法」も、また、二〇〇一年から実施されている「家電リサイクル法」も、消費者の負担が大きくて企業には甘い法律です。問題はこれからです。やるべきことをやっている消費者は、これまでとは格段に発言力も行動力もつけて来ま

した。

一九八〇年代までの消費者運動は、主に少数派の活動家によるものでした。

一九九〇年代になって、日本の消費者には、全体として大きな変化が現れて来たように思います。

運動家でなくても、消費者の立場からものごとを眺め、判断し、発言するようになってきています。消費者としての自覚が一般に底上げされてきました。

背景には、自然環境の破壊によって生活の場が危うくなってきた現実があります。その危機感にうながされて現実を直視しはじめた消費者のもとに、必要な情報がとどくようになり、そして、資源ごみを分別して出すという実践を通じて、デッカイ頭に見合う太い手足を鍛えつつあります。

10　主流となる消費者運動の性格

このように成長しつつある日本の消費者に、いちばん欠けている資質は何でしょうか。

私は、それをマネジメント能力であると思っています。

自己管理から始めて、マネジメントの能力をのばすことによって、日本の消費者運動は根本的に変わるでしょう。

これまで、日本の消費者運動の担い手の中心は女性、その多くが主婦でした。

主婦のもつ長所と短所が、日本の消費者運動の性格をかたちづくっていたように思います。

すばらしいのは、危険にたいする鋭敏な感受性です。そして、これぞと思う具体的なテーマに反応する素早さです。その元になるのは、やはり母性本能とでもいうべきでしょうか。

日本で最も普及している消費者運動のテーマは、合成洗剤をやめて石けんを使う運動と、生協などを中心とする有機農産物の産直運動です。そこには、合成界面活性剤や農薬など化学物質に対する本能的な危険察知と、家族の安全を願う思いが現れています。

ところが、そのすばらしい感性は一方では短所にもなります。すぐれた感受性を頼んで、理論的、科学的な学習をしないという欠点です。

自分の家庭が安全であれば、それで満足してしまう小さな幸福感もあります。家族の安全という視点を社会や環境の安全につなげようとしない、あるいは、安全な家の中にいて（安全と錯覚しながら）窓から他人事のように外の景色を眺める、という態度です。

有機野菜の産直運動をしている団体に入って、私はたくさんのすばらしい仲間に恵まれました。アオムシがついた青菜を「ムシがお毒味をしてくれた」とよろこび、多

雨のため半ば腐ったジャガイモを配られて「農業の現実を学んだ」と言い切れるような仲間たちでした。

しばらく経つと私は、この居心地のいい小さな団体の中で、すっかりくつろいでしまいました。毎週とどけられる安全な農産物や自然食品、自由に参加できる月例の会合や学習会、そして、農薬のような神経毒を使わない食物を摂っている会員同士の、おだやかで心通じ合う世界。そこは、都会に暮らす会員にとって、「兎追いし、かの山」にあたる故郷のようでした。

11　数字から見えてくる世界

一九八〇年、水道水のトリハロメタン汚染を知って、飲み水の安全性を求める運動に足を踏み入れた私は、まったく別の世界を経験しました。

トリハロメタンなど化学物質を含まない安全な水道水は、一つの家庭だけではいくら努力しても、手に入りません。どこの家の蛇口からも安全な水が出るようになったとき、初めてわが家の飲み水も安全になります。水道水の水質をよくするには、水源の川や湖や、地下水の水質をよくしなければなりません。

水源になる川や湖は、国や自治体によって管理されています。川の管轄は国土交通省です。建設省と呼ばれた以前から、水資源開発とか洪水対策とか河川の有効利用と

かいろいろ言って、ダム、堰、堤防、河川敷公園などの工事を上流から下流まで行ってきました。土木工事は当然、水と水環境を汚します。

水環境をよくする運動は、まさにそびえ立つ金権の鉄壁に体当たりすることです。私たちは運動を始めてまず、トリハロメタンを減らすように、水行政との交渉をしました。返事は、トリハロメタンは水質基準にないから測ってもいないし、問題にするほどではない、調査はできない、とのことでした。上流自治体に川を汚さないで、と頼みに行きましたら、別に法律違反をして汚しているわけではない、水質保全のために新たに何かする気もないし、する義務もないと言われました。

ぬくぬくとした家の中から、急に冷たくてきびしい冬の戸外に出て行った感じでした。何を！と思いましたね。

山田國廣さんは研究者仲間と調査組織をつくって、四年間手弁当で、水源の川や湖の水質を調査しました。私は、汚れを元素や化合物の名で知り、汚れの度合いを数値でとらえることの簡明さと便利さを、初めて知りました。毎年継続する調査の中で、汚染物質の数値が変ったり一定であったりする意味も知りました。

そして、研究者グループや労働組合との交流によって、科学的な運動の方法、科学的なオリジナルデータの力を知りました。

何の情報も持たず手ぶらで水行政と交渉したときと、オリジナルデータを持って対峙したときと、ことの進み方はあまりに違っていました。手ぶらのとき、調査はしないと言った行政は、私たちの後を追うように調査を始めていました。ミスがたくさん発見された行政調査よりは、私たちの調査の方がずっと役立ったと思いますが、その調査結果は、それだけが原因ではなかったでしょうが、水道水の安全を図るかたちで水政策に現れてきました。

不十分ながら水質基準は改正されましたし、水源保護法がつくられましたし、大都市では高度浄水処理が行われていますし、下水道法も一部が合併浄化槽に譲歩するなどしています。

このとき、私はオリジナル数値の効用をつくづくと知ったのです。それは、世の中も変えましたが、私自身も変えてくれました。

前置きが長くなりましたが、だれもが専門家の調査活動に参加し、オリジナルデータを得て、その働きを利用できる機会は、そんなにはないでしょう。

環境家計簿は、だれにでもその機会をつくってくれるのです。

あなたの家庭のオリジナルデータが、環境家計簿の中に蓄積されます。その数値はすべて、実践したことによって、その意味を実感することができる生きた数字です。これくらいのライフスタイルでこれだけ電気を使う、これくらい気をつければこれだけ節電できる、という実感です。

暮らしがコントロールできる

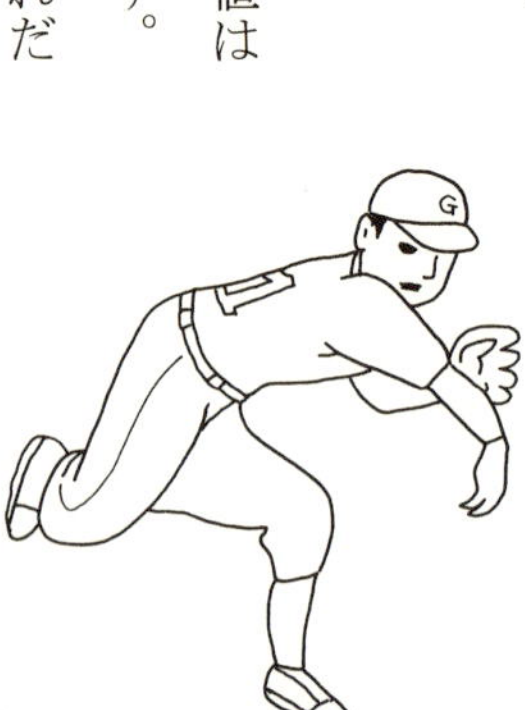

その実感できる数字によって、自分の暮らしをはかることができます。それをもとに、どのレベルまで暮らしを変革できるか、コントロールしたりプランニングすることができます。それをもとに、一般家庭のエコ度を推測することもできますし、そこから社会的な視点が養われてきます。これが、「科学的に自己マネジメントができる」ということではないでしょうか。

12 環境家計簿は日本の消費者を育てる

「科学的な自己マネジメント」の内容の一つは「自己の客観化」であり、もう一つは「数量の認識」である、と思います。

もっとかんたんに言うと、「社会の中の自分の姿が見えること」、そして「ものを測ったり判断する基準がわかること」です。

初級の環境家計簿をつけてみて、どうでしたか。

記録しないで、ばくぜんと節電や節水をしている場合と比べてみましょう。記録がないと、料金が少し減ったな、くらいの感慨で終わってしまいます。

半年なり一年、毎月記録していくと、数字に慣れてきます。数字から見えてくる世界のおもしろさがわかりはじめます。

わが家の一カ月の電気使用量は二五〇キロワット時ていどで、料金は五、〇〇〇円前後、水道使用量は二カ月七〇〇立法メートルていどで、料金は五、〇〇〇円前後、これが基準というように把握できます。

使用量や料金はだいたい一定していて、季節によって増減しても、前後の月では何か突発的な事情が起こらないかぎり、そんなに大きな変化はありません。

この家族数で、こんな使い方で、これくらいの消費量になるということが、数字でとらえられるようになります。

わが家の数字をもとにして、ほかの家庭のレベルも、一般社会のレベルもしぜんに計れるようになります。

これが「数量の認識」のはじまりです。

その数量は、一般から見て多いのか少ないのか、知りたくなります。巻末資料に人数別の使用料金がありますから、それと比較してみます。

すると、ほかに比べて、わが家の水準がどれくらいか見えてきます。

これが「自己の客観化」のはじまりです。全体の中の自分の姿を見る視点をもつことです。

ブッシュ大統領が、温暖化防止京都会議（ＣＯＰ３）で決まった炭酸ガスの排出削減をアメリカはやらない、と言い出したので、日本の国内世論はアメリカを非難しています。日本の消費者もそんなブッシュさんを白い眼で見ています。

では、お前はどうなんだ、とブッシュさんに反撃されたらどうしますか。日本から出る炭酸ガスは、京都会議で決まった日本の削減目標にはおかまいなし、今も増え続けています。

京都会議の取り決めを守ろうとすれば、日本の家庭は一二〜一六パーセントの炭酸ガスを減らさなければなりません。その自覚がどれだけの消費者にあるでしょうか。

地球の温暖化も、京都会議の議定書も、炭酸ガス削減もみんな、それがどんなに重大なことなのか、日本の消費者はよく知っています。だから、約束は守らない、炭酸ガスは減らさないブッシュさんけしからん、と憤ります。でも、自分は減らしていますか？　○×○×！

日本の消費者は、知っていてやらない、つまり知識はあるけど、そのための行動はしない、これを「頭デッカチで手足が細い」と表現しましたね。まるで自分のことだと、私自身も反省しているのですが。

これは多分、日本の消費者が怠け者なのではなくて、どれだけのことをしたらいいのか、わからないからだろう、と思います。一二パーセントの削減という数量がつかめないので、なすすべもなく立ちすくんでいるのだろうと思います。

関西生協連の環境家計簿運動では、多くの人が、電気使用量一〇パーセント削減、水使用量五パーセント削減という目標を立てました。まず、炭酸ガスの発生が最も多い電気を減らし、次いでガスや水やごみの量を減らして、全体で一二～一六パーセントを減らすようにすれば、京都会議で決められた削減目標に合わせて、行動することができます。

関西生協連のやり方を知ると、ああ、そのようにやればいいのか、とわかるでしょう。それなら自分にもできると思うでしょう。

このように、環境家計簿をつけていると、数字に慣れて数量で計れるようになり、科学的客観的に判断して、暮らしをコントロールできるようになります。

環境家計簿は、エコライフへの第一歩です。

第5章

"環境名人"になる

本格的な環境家計簿

エッ、アッ、ウン……
ナーニ、すぐ慣れるさ
SCORE
ステップアップの
感想は
どうだい？

1　環境家計簿の具体的な手順

では、いよいよ本格的な環境家計簿をつけましょうか。

実践を思い立ったら、まず家族に声をかけて下さい。

家族の協力がなかったら、あなた一人でどんなにがんばっても十分な効果は上がりません。

環境問題は、だれもが取り組まなければ解決しない大きな問題です。とくに、未来を背負う子どもたちに、生活における実践を通じて環境問題に関心をもってもらうことは、大きな意義があります。

一三五ページの**図2**をもう一度見て下さい。

これが、環境家計簿の手順ですね。

順を追って、説明していきましょう。

1　方針

家族会議を開いて、家族全員で話しあい、わが家の環境憲章を決める。

「環境を守って家計も節約できるように、環境家計簿をつけようと思うけど、さんせいしてくれるかしら」

「いいよ」「さんせいだよ」

「節電や節水に協力してくれるわね」

「ウーン、どうかなあ。でもやってみるよ」

「じゃ、環境にやさしい生活をするにあたっての意思表明をしましょう。みんなの考えを出してみて」

憲章ですから、地球、日本、地域のような大きな環境に目を向けて考えます。

例えば、「美しい自然環境を守り、未来の人類がすこやかな体と心で生きられるように、環境に配慮したライフスタイルを実践します」「二一世紀が完全な循環社会になるように、家族みんなで循環型の生き方をします」など。

「はい、できたわね。これが、わが家の環境方針よ。では、ひとりずつ、ここに約束のサインをしましょう。環境家計簿は、決まったことはみな、記録しておくのよ」

「さあ、お父さんはサインしたぞ。ヒロくんも書いたね。マアちゃんはオナマエ書けるかな」

「マアちゃんは、オナマエの代わりに自分のお顔を描いてちょうだい。はい、かわいくできました」

方針は高らかに

2　現状把握

家族とわが家のエコレベルを知るために、めいめいがチェック表を使って採点する。

電気、ガス、水道、ごみなどのチェック表を使って、家族の一人一人のエコレベルと、家族全員の平均レベルを把握します。
これは、目標やマニュアルをきめるときの参考にします。

3　目的

どの環境家計簿をつけるか、目的を決める。

電気、ガス、水道、ごみなど、環境家計簿のテーマを目的といいます。
自由に、一つでも二つでも選んで下さい。
新しい目的を工夫してつくってもいいですね。

4 目標を定める

使用量を昨年よりどれだけ減らすか、きめる。

目標はかならず数値で設定します。

昨年より、五〜一〇パーセント減が無難です。

目標は数値が高いほどいいのではありません。結果的に、目標値が達成できたか、できなかったか、で評価されます。目標が五パーセント減で、結果が七パーセント減だと、達成できたので評価は○です。しかし、目標が一〇パーセント減で、結果が七パーセントだと、同じ削減率でありながら、目標に達成できなかったため、評価は×になります。

低めにして、無理なくやりましょう。

チェック表の採点が高い家庭は、すでに節約しているので、目標は控えめにします。

一方、チェック表の採点が低い浪費型の家庭は、がんばると大幅に減らせるタイプと、急にこれまでの生活習慣が改められないタイプとがあります。わが家はどちらのタイプか考えて、目標を決めましょう。

5 マニュアルをつくる

わが家に合った節約マニュアルをつくる。
また、家族一人一人に合ったマニュアルもつくる。

マニュアル例は、節電、節ガス、節水、ごみ減らしのそれぞれチェック表とマニュアルを参考にして下さい。

家族全員のものと、家族一人一人のものをつくるのが、現実的です。

全員のは、「歯を磨いている間は水を出しっぱなしにしない」「冷蔵庫は、手早く出してすばやく閉める」など、できたら機器の側の目につくところに貼っておきます。

個々の家族には、自分でこれをやると決めてもらうのが、一番です。「ぼく、階下に下りるとき、かならず電灯を消すよ」とか「わたし、部屋のテレビは、一日二時間にするわ」というように。

6 実践する

初めはマニュアルに沿って、
やがて、生活習慣になるように。

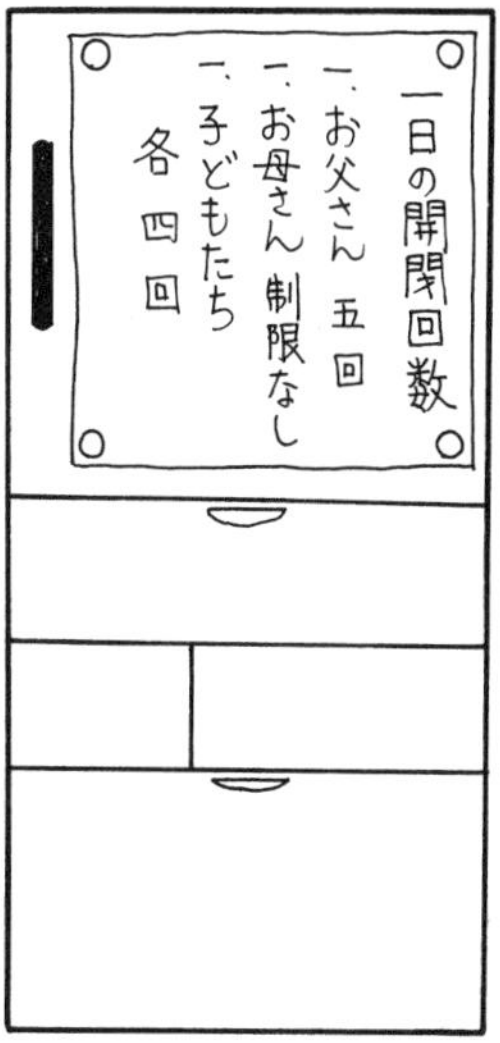
一日の開閉回数
一、お父さん 五回
一、お母さん 制限なし
一、子どもたち
各 四回

実践しましょう。ここが最もたいせつなところです。

でも、あまり神経質になったり、完全をねらったりしないでやります。うっかりしたり、忘れても、気にしない、気にしない。そのうち気がついたら、習慣になっているはずです。

7 記録をつける

公共料金は毎月一回、ごみは回ごとに、クルマはガソリンを入れたとき、記録表に記入する。

記録方法は、各記録表に解説を添えてあります。それを見て記録して下さい。初級でコツは大体のみこめていますね。

8 監査

一年経ったら、年間記録を集計して、目標が達成できたか評価する。

半年または三カ月ごとに中間集計をしてもいいでしょう。

一般家庭では、集計して、目標が達成できたかどうか、自己監査します。

ＩＳＯ一四〇〇一では、社内監査の後、審査登録機関の第三者監査を受けて、目標が達成できていたら認証されます。

関西生協連では、自己監査のあと、生協内部監査人による内部監査、次いで環境監査協会による第三者監査を受け、生協独自の認証が取得できました。

監査して評価をする場合、たくさん減らしていれば、いいわけではありません。当初の目標が達成できているかどうかで評価することを忘れないで下さい。

9 見直しと改善

目標達成はできたか、マニュアルは適切だったか、家族そろって協力できたか、など見直す。

見直しをもとに、新しい目標を立てる。

一年間の経験と実績を活かして、よりよい次年度の目標とマニュアルをつくります。毎年続けることが肝心です。繰り返しますが、完全主義になると息切れすることもありますので、むりのないように実践しましょう。

2　始める前にちょっと一言

ここに載せたのは、電気、ガス、水道水、ごみの四種類の環境家計簿です。「本格的」と書きましたが、これは、最初に紹介した初級の環境家計簿と比べて本格的なのであって、これがどこに出しても通用する「本格派環境家計簿」の決定版というわけではありません。

山田國廣さんの『1億人の環境家計簿』では、もう少し「本格的」になっています。また、目的も四種類にとどまらず、十種類あります。

家計簿にたくさんの種類があるように、基本のかたちが決まってしまえば、応用はたくさんあるわけですね。その最初の基本形をつくるのが、最もたいせつだし、またむつかしいといえます。

電気もガスも、水もごみも、基本は一つですから、つけ方は一定です。

では、始めて下さい。まず、家族に声をかけて、集まってもらいましょうか。

ここで一言。

これまで得た情報から、環境家計簿をつけるときに、家族の中でいちばんネックになるのは、成人男性、それも高齢者より働き盛りの年齢だそうです。

次に協力が得にくいのは、少年期から青春期に入った年齢だそうです。

こう書けば、家族のだれが非協力的なのか、わかりますね。

家族会議にも参加してくれません。「何ィ。環境マネジメント？　そんなもん、会社でウンザリしているのに、家でまでコチャコチャとやらされるのは、堪らん！」「家族会議？　会議なんか会社でイヤほどやってるわ。家でくらいノンビリさせてくれ。やりたかったら、母さんと子どもだけでやれ！」

こんなお父さんが多くて、じゃ、お父さん抜きで、ということになります。

環境家計簿を、社員及びその家族に奨励する会社が出てきた、と先に書きました。社員の環境マネジメントが付け焼き刃ではダメだ、とわかってきたのです。

環境問題の解決は、一人一人が環境配慮してはじめて達成できます。

お父さん、環境問題は、会社では業務であり、家庭では女子供のやること、と思わないで下さい。

お父さん抜きで環境家計簿をつけ始めました。そんなお父さんに、いちばんキビしいのが、子どもたちだそうです。

「お父さん、お風呂の電気、消し忘れているよ」

「お父さん、トイレの電気、つけっ放しだよ」

「お父さん、ビール缶を入れる箱は、そっちじゃないよ」

「お父さん…………。」

お父さんも子どもには勝てません。いつの間にか協力しています。

節電して、減らした電気料金の半分を、子どもたちの小遣いに上乗せする、と宣言した母親がいます。今まで一万円だった電気代を一〇パーセント減らすと、減った分は一、〇〇〇円です。一、〇〇〇円の半分の五〇〇円を弟と分けると、二五〇円の小遣いアップです。いちばん節電しないお父さんに、子どもたちの攻撃集中。お母さんの作戦勝ち。

でも、協力的になったお父さんは、それでまたやりにくいこともあります。家族の実践状況に、いちいち口出ししてきます。何しろ会社ではＩＳＯ認証のために環境マネジメントを実施していますから、知識だけは山ほど持っています。家族が部下とダブッてみえたりして。管理職は会社だけで止めておいてほしい、そのために、わざと、夫を家族会議にさそわない主婦もいます。

若い息子や娘も、なかなか協力しません。自分の部屋の電灯もテレビもラジオもクーラーもパソコンも、何もかもしょっちゅうつけっ放しです。本人に言わせると、つけっ放しではなくて使用中ということです。部屋の隅には、空き缶や空きペットボトルや、スナック菓子の袋が転がっています。

でも、若い子は一過性ですから、やさしく見守りましょう。子どもが進学や就職で家を出たとたん、電気代が半分に減ったうれしい例もあります。一人でマンション暮

らしを始めた息子や娘が、たちまち省エネ省資源名人になった、というケースも多いようです。帰省したときは、手作り料理の価値に目覚めて、ウマイウマイを連発し、これが友人とインスタントラーメンばかり食べては、夕食をすっぽかした子か、と驚くくらいです。

家族全員で家族会議というのは理想であって、まず最初のところに難関があることを知っておいて下さい。

そのとき、「家族がこれじゃ、うちは環境家計簿なんてできっこないわ」なんて、落ち込まないで下さい。どこのご家庭も似たり寄ったりですから。

3 環境家計簿セット——電気、ガス、水、ごみ

ここには、電気、ガス、水、ごみの各セットを載せました。

本格的な家計簿では、記録表に窒素酸化物の欄が増えています。

窒素酸化物は、化石燃料を燃やした際、炭酸ガスなどといっしょに出て来る気体です。窒素酸化物は、上空で水蒸気や太陽光線に出会うと、劇物の硝酸になります。この硝酸が雨に混じって降ってくるのが酸性雨です。

酸性雨は、炭酸ガスに並ぶ大きな地球環境破壊を引き起こしています。ヨーロッパでは森林が枯れて「黒い森」が広がったり、魚影のない死の湖が生じています。日本

でも貴重種のウメノキコケが絶滅に瀕していますし、トノサマガエルは、陸に生みつけられた卵が強い酸を浴びて孵化できないため、身近から姿を消してしまいました。

やがて、酸性雨のために、生態系や食糧生産に深刻な影響が出て来ると言われます。

炭酸ガスと合わせて窒素酸化物も測り、節約によって温暖化だけでなく、酸性雨にもどれだけ配慮できたか、知る手掛かりにして下さい。

章のはじめに書いてある「具体的な手順」を参考にして、さあ、始めましょう。

本格的な環境家計簿

セット（電気・ガス・水・ごみ）

年　　　　家の環境家計簿　開始　年　月　日

家の環境憲章（方針）

（家族の署名）

年　月　日

環境レベル（チェックの家族平均得点）

電気＿＿＿点　ガス＿＿＿点　水道＿＿＿点　ごみ＿＿＿点

環境目的（○で囲んで下さい）

電気　ガス　水道　ごみ

環境目標（かならず数値で書いて下さい）

電気＿＿＿%　ガス＿＿＿%　水道＿＿＿%　ごみ＿＿＿%

採用するマニュアル

〈例〉

2002 年　江古 家の環境家計簿　開始 2002 年 1 月 1 日

江古 家の環境憲章（方針）

自然の循環がこわされることなく、地球の自然環境が守られて、ケンちゃんやナナちゃんの未来が心豊かで幸せでありますように、環境にやさしいライフスタイルを家族みんなで実践します。

（家族の署名）

尚幸　美佐子　けんた　ななみ　2002 年 1 月 1 日

環境レベル（チェックの家族平均得点）

電気 60 点　ガス 50 点　水道 60 点　ごみ 70 点

環境目的（○で囲んで下さい）

電気　ガス　水道　ごみ

環境目標（かならず数値で書いて下さい）

電気 10 %　ガス 10 %　水道 5 %　ごみ 10 %

採用するマニュアル

電気……使わないときは消す。

ケンちゃん→冷蔵庫を開ける回数は1日5回まで。パパのビール取るときは別だよ。

ナナちゃん→見るテレビ番組は「みんないっしょ」と「トントン山」の2つにします。

ガス……おふろは続けて入りましょう。

水道……庭の雨樋の下にバケツを置いて、雨水を溜める。

ケンちゃん→アサガオのお水は、バケツの水を使うこと。

ごみ……☆オヤツにめいめい小さい袋菓子をあげるのはやめます。なるべく、お母さんの手作りオヤツにして、袋菓子のときは大袋を買って、それぞれお皿にとりわけてあげます。
☆使った紙はくずかごでなく、決められたダンボールに入れること。

あなたの節電配慮度チェック表　　　　名前

	よくできている（10点）	時々できている（5点）	できていない（0点）
不在のとき、電気器具のスイッチをこまめに消す			
電化製品はカタログを見て省エネ型を選ぶ			
冷暖房は控えめにしている			
待機電力をできるだけ減らす			
熱源には、なるべくガスや灯油を使い、電気を使わない			
冷蔵庫に食品を詰め過ぎず、開閉も時間と回数を減らす			
炊飯器は食べる分だけ炊き、保温をやめる			
テレビは番組と時間を決めて見る			
洗濯は洗濯機の容量にあわせ、まとめ洗いする			
エアコン、電灯、冷蔵庫など、いつもさっぱり掃除しておく			
小　計			
総合評価点（合計）			

●70 ～ 100 点……環境について認識し環境配慮型です。目標はやや低めに５％節電ていどに立てて下さい。
●30 ～ 69 点……環境配慮についてまあまあ平均的です。努力しだいで目標 10 ～ 20 ％節電も可能でしょう。
●0 ～ 29 点……環境汚染、資源浪費型です。家族の協力と自覚があれば高い目標も達成できますが。

節電マニュアルの例

ここに挙げたのは、ごく一般的なマニュアルです。各家庭の事情に合わせて独自に考えて下さい。

●全般的に

・不在のとき、使わないとき、スイッチはオフにする。
・待機電力をできるだけ減らす。
・電化製品を購入する場合は、省エネタイプを選ぶ。

●冷蔵庫

・必要以上の大型は避ける。
・中に食品を詰め過ぎない。
・熱いものは冷ましてから、入れる。
・開閉の回数と時間を減らす。
・日射やレンジ近くを避けるなど、置く場所に気をつける。
・冷やし過ぎていないか、温度調節ダイヤルを適切にする。

●テレビ

・長時間つける習慣をなくす。
・就寝前に主電源（プラグ）を切る。
・音量や明度はなるべく控えめにする。

●照明

・電球や笠をときどき掃除する。
・壁、天井、カーテンの色は白系統や明るい暖色系統にする。
・窓は大きくして、自然光を取り入れるのがよい。
・目的に応じて、照明器具を使い分ける。
・蛍光灯は両端が黒ずんできたら、取り替える。白熱灯より蛍光灯、インバーター蛍光灯を選ぶ。

●洗濯機・乾燥機

・まとめ洗いする。
・繊維の種類によって、マニュアルの洗濯時間を守る。
・乾燥機の使用は最少限にとどめる。

●ルームエアコン

・夏は28℃、冬は20℃ていどにする。
・直射日光を避けておく。
・２週間に一度はフィルターを掃除する。
・床にカーペット、窓に厚手のカーテンなどを用いる。
・家屋の断熱効果を高める。

●掃除機

・掃除時間の短縮のために、事前に棚の整理をし、床の上の散らかりを片づける。

●給湯器

・ふろは家族が続けて入る。
・太陽熱温水機などを利用する。

●コタツ

・敷物には厚めの敷布団などを利用する。
・掛け布団に隙間ができないようにする。
・温度調整をする。

電気の記録表

	使用量（kWh）		電気料金（円）		前年比(%)	炭酸ガス(炭素換算kg)		窒素酸化物（kg）		備考欄
	今月	前年同月	今月	前年同月		今月	前年同月	今月	前年同月	
1月										
2月										
3月										
4月										
5月										
6月										
7月										
8月										
9月										
10月										
11月										
12月										
合計										
平均										

●記入方法

1　使用量、前年同月使用量、電気料金は「電力会社の使用量および料金のお知らせ」に記入されている。

2　前年同月比＝（その月の使用量）÷（前年同月の使用量）

3　電気料金は使用量によって単価が違ってくるので、毎月計算する。
　　月別電気料金平均単価（円）＝月別電気料金（円）÷ 使用量（kWh）

4　炭酸ガス排出量（炭素換算）（kg）＝ 0.120 × 使用量（kWh）

5　窒素酸化物排出量（kg）＝ 0.000292 × 使用量（kWh）

＊前年同月比と数値が大きく変わっている場合は、その原因を考えてみましょう。

＊大型電化製品の購入、家族の増減や滞在客、子の受験期などは、備考欄に記入しておきましょう。

あなたの節ガス配慮度チェック表　　　　名前

	よくできている（10点）	時々できている（5点）	できていない（0点）
外食や加工食より手作り中心			
給湯器の種火はまめに消す			
調理によってガス火の調整をする			
保温式調理法をしている			
ガスレンジはよく掃除する			
レンジにかける湯や料理の量を必要以上に増やさないようにしている			
風呂は家族が続けて入る			
風呂の水は、夏は朝から汲みおきをしている（追い炊き式の場合）			
風呂の湯を浴槽からあふれさせない			
シャンプー中はシャワーを止め、すすぎのときだけ出す			
小　計			
総合評価点（合計）			

●70 ～ 100 点……環境について認識し環境配慮型です。目標はやや低めに５％節電ていどに立てて下さい。
●30 ～ 69 点……環境配慮についてまあまあ平均的です。努力しだいで目標 10 ～ 20 ％節電も可能でしょう。
●0 ～ 29 点……環境汚染、資源浪費型です。家族の協力と自覚があれば高い目標も達成できますが。

節ガスのマニュアル例

ここに挙げたのは一般的なマニュアルです。各家庭の事情に合わせて独自のマニュアルを考えて下さい。

●ガスストーブ

・手入れや掃除をまめにする。
・必要以上に大型は買わない。

●湯沸かし器

・種火はこまめに切る。
・熱効率はレンジより湯沸かし器の方がよいので、湯を沸かすのは湯沸かし器と併用する。

●ふろ

・追い炊き式の場合、夏場は朝から水を張っておく。
・家族が時間を集中して続けて入る。
・沸かし過ぎや入れ過ぎをしない。
・太陽熱温水機などを利用する。
・釜で水から炊くよりも、湯沸かし器から入れる。
・釜の内部をときどき掃除する。

＊近ごろの食生活は、外食や加工食品に偏りがちになってきました。そのため、平均的な家庭のガス使用量は減少しています。しかし、生鮮食料品など自然の素材を用いて、手作りの食卓を中心にしている家庭は、どうしてもガス使用は平均より増加します。
チェック表で手作り中心と答えられた家庭はガス使用が多いでしょうが、それはマイナス評価にはなりません。

このように、評価はケースバイケースで判断して下さい。

ガスの記録表

	使用量（㎥）		ガス料金（円）		前年比(%)	炭酸ガス(炭素換算kg)		窒素酸化物（kg）		備考欄
	今月	前年同月	今月	前年同月		今月	前年同月	今月	前年同月	
1月										
2月										
3月										
4月										
5月										
6月										
7月										
8月										
9月										
10月										
11月										
12月										
合計										
平均										

●記入方法

1　使用量、前年同月使用量、ガス料金はガス会社の「使用量および料金のお知らせ」に記入されている。

2　前年同月比＝（その月の使用量）÷（前年同月の使用量）

3　ガス料金は使用量によって単価が違ってくるので、毎月計算する。

　月別ガス料金平均単価（円）＝月別ガス料金（円）÷ 使用量（㎥）

4　炭酸ガス排出量（炭素換算）（kg）＝0.584 × 使用量（㎥）

5　窒素酸化物排出量（kg）＝0.00171 × 使用量（㎥）

＊前年同月比と数値が大きく変わっている場合は、その原因を考えてみましょう。

＊ストーブなど消費量の大きい器具の購入、家族の増減や滞在客は、備考欄に記入しておきましょう。

あなたの節水配慮度チェック表　　　　名前

	よくできている（10点）	時々できている（5点）	できていない（0点）
使っていないとき、水を流しっぱなしにしない			
節水コマや節水型の製品を使う			
水洗トイレは「小」で水を出す			
風呂の残り湯を洗濯、掃除、水やりなどに再使用している			
雨水やクーラー排水を溜めて、水やりなどに利用している			
廃食油は流しに捨てない			
廃食油は回収したり、石けんづくりに使用している			
料理は適量つくり食べ残しを減らし、汚れをへらす			
合成洗剤でなく石けんを使う			
家庭でできるだけ緑を育てる			
小　計			
総合評価点（合計）			

●70 ～ 100 点……環境について認識し環境配慮型です。目標はやや低めに５％節電ていどに立てて下さい。
●30 ～ 69 点……環境配慮についてまあまあ平均的です。努力しだいで目標 10 ～ 20 ％節電も可能でしょう。
●0 ～ 29 点……環境汚染、資源浪費型です。家族の協力と自覚があれば高い目標も達成できますが。

節水マニュアルの例

ここに挙げたのは一般的なマニュアルです。各家庭の事情に応じて、独自のマニュアルを考えて下さい。

●台所

・使わないとき蛇口を閉める。
・漏水は早めに見つけて修理する。ときどき全蛇口を閉めて、メーターの動きを点検する。
・節水パッキンをつける。
・野菜、食器など洗いものはまとめてする。
・調味料を皿になるべく残さないようにする。
・洗剤を使い過ぎない。
・米のとぎ汁は、掃除、打ち水などに利用する。
・食用油はできるだけ使い切り、廃油は流しに捨てないで、古紙に吸収させるか、手作り石けんにする。
・水切り袋や破れたパンストなどで流しの細かいごみを取り除く。

●ふろ

・浴槽に水を入れ過ぎない。
・ふろの残り湯は洗濯や掃除に再利用する。
・シャンプーやふろ洗いの洗剤を使い過ぎない。
・洗髪のとき、すすぎ以外ではシャワーを流しっぱなしにしない。

●トイレ

・レバーの使用は大小を使い分ける。
・貯水タンクの中に500ml のペットボトルを入るだけ沈める。タンクの構造によって入らない場合は無理をしない。
・掃除のとき、水や洗剤を使い過ぎない。
・トイレに固いものを流さない。
・水が青くなる薬品などは使用しない。

●洗濯

・洗濯機の容量に合わせて、まとめ洗いをする。
・ふろの残り湯を利用する。
・洗剤を使い過ぎない。

●洗面所

・歯磨きはコップに入れた水ですすぐ。
・洗面や歯磨きの間、水を流しっぱなしにしない。
・歯磨きや洗剤を使い過ぎない。

●洗車

・ホースで水を出しっぱなしにせず、バケツを使用する。

●撒水

・庭や鉢植えのやり水は、米のとぎ汁、ふろの残り湯などを利用する。

●雨水

・雨樋の先にバケツを置いて雨水を溜め、撒水などに使う。できたら雨水利用システム装置を設ける。

水道水の記録表

	使用量（㎥）		水道料金（円）		前年比（%）	炭酸ガス（炭素換算kg）		備考欄
	今月	前年同月	今月	前年同月		今月	前年同月	
1月								
2月								
3月								
4月								
5月								
6月								
7月								
8月								
9月								
10月								
11月								
12月								
合計								
平均								

●記入方法

1　使用量と上下水道料金は、多くは２カ月毎に水道局が送ってくる「使用水量のお知らせ」に記入されている。２カ月分を２等分して毎月の使用量と料金を記入する。

2　前年比＝（その年の使用量）÷（前年の使用量）

3　炭酸ガスの排出量は次のように計算します。

　　水道水の炭酸ガス排出量＝ 0.037 × 使用水量（㎥）

＊前年同月比と数値が大きく変わっている場合は、その原因を考えてみましょう

＊家族数の増減があったり、大型洗濯機を購入するなど、使用量に影響する出来事があった場合、備考欄に記入しておきましょう。

あなたのごみ減らし配慮度チェック表

名前

	よくできている（10点）	時々できている（5点）	できていない（0点）
過剰包装の商品は買わない			
衝動買いを避け、必要なものしか買わないように心がけている			
買い物にいくとき、買い物袋などを持参する			
ビール瓶など再利用できる容器のものを選び、缶入りは避ける			
リユースやリサイクルできるものは全て、回収ルートにのせる			
衣服、家具、電化製品は修繕などして長く使う			
使用済みの紙は、メモ用紙、封筒、袋などにして再利用する			
ガラス・プラスチック容器は中身を詰め替えて繰り返し使う			
食べ切れる量だけ調理して、残り物が出ないようにしている			
食品は賞味期間中に食べる			
小　計			
総合評価点（合計）			

●70 ～ 100 点……あなたはステキなエコロジスト。そのライフスタイルを周りにも広げてね。
●30 ～ 69 点……あなたは今のところ平均レベルですね。でも 21 世紀に向けてもう一歩二歩。
●0 ～ 29 点……ちょっと資源浪費タイプになっていませんか。できることから行動を起こして！

ごみ減量マニュアル例

ここに挙げたのは、一般的なマニュアルです。あなたの家庭に合わせてごみ減らし方法を考えましょう。

●容器包装ごみ

・ペットボトル、トレーなどプラスチック、缶、紙パック、ガラス容器は自治体や店の分別回収に出す。
・使い捨てやリサイクル容器でなく、リターナブル容器入りにする。
・できるだけ包装をことわり、買い物は袋持参で。

●生ごみ

・水切りをしたり、乾燥させてからごみに出す。
・コンポスターを利用して堆肥化させたり、庭のある人は土に埋める。
・料理を作り過ぎない。
・食品を買い過ぎない。
・冷蔵庫に入れたものの管理をまめにする。入れ忘れがないように。

●紙

・新聞紙や雑誌は、チリ紙交換や子供会の回収に出す。
・紙は裏表を使い、チラシの空白の裏をメモに利用する。
・再生紙の製品を選んで買う。
・ちょっと拭きにティッシュペーパーは使わない。ふきん、ぞうきんで。
・どんな小さな紙でも古封筒などに入れて、紙はすべて新聞紙といっしょに業者にもっていってもらう。

●プラスチック

・塩ビ製品（ラップ）を買わない。
・洗剤や調味料などは、詰め替え用のあるものを買う。

●衣類

・不要な衣類でまだきれいなものは、バザーに出したり、知人に使ってもらう。
・綿で古いものは、ぞうきんやふきんにしたり、リサイクル業者に出す。

●大型ごみ

・故障や傷は、修理して長く使う。
・一時的にしか使わないベビーベッドやベビー体重計は、リースを利用する。

●買い物

・衝動買いをしない。
・必要な量や賞味期限を考えて買う。
・リサイクル製品や中古ショップを利用する。
・エコマークやその他エコラベル製品を選んで買う。
・化学添加物が多く含まれる加工食品はなるべく避ける。
・食べ物は旬のもの、地場のものを選んで、適量を買う。

			ごみの量	
		曜日	kg	粗大
7月	1週目			
	2週目			
	3週目			
	4週目			
	5週目			
8月	1週目			
	2週目			
	3週目			
	4週目			
	5週目			
9月	1週目			
	2週目			
	3週目			
	4週目			
	5週目			

			ごみの量	
		曜日	kg	粗大
10月	1週目			
	2週目			
	3週目			
	4週目			
	5週目			
11月	1週目			
	2週目			
	3週目			
	4週目			
	5週目			
12月	1週目			
	2週目			
	3週目			
	4週目			
	5週目			

			ごみの量	
		曜日	kg	粗大
1月	1週目			
	2週目			
	3週目			
	4週目			
	5週目			
2月	1週目			
	2週目			
	3週目			
	4週目			
	5週目			
3月	1週目			
	2週目			
	3週目			
	4週目			
	5週目			

			ごみの量	
		曜日	kg	粗大
4月	1週目			
	2週目			
	3週目			
	4週目			
	5週目			
5月	1週目			
	2週目			
	3週目			
	4週目			
	5週目			
6月	1週目			
	2週目			
	3週目			
	4週目			
	5週目			

ごみ年間集計表

	１回目	２回目	小計	粗大（品名）
１月	kg	kg	kg	
２月				
３月				
４月				
５月				
６月				
７月				
８月				
９月				
10 月				
11 月				
12 月				
合 計			kg	個

家の自己監査表 （年間記録にもとづき評価し、次年度目標を立てて下さい）

実施期間 年 月～ 年 月	実践家族数 人中 人	監査日 年 月 日		

	よくできた	まあまあできた	できなかった
家族との話し合いや協力ができましたか			
記録表は空白がなく記入できていますか			

		目標	実績	達成率（実績÷目標）
目標は達成されましたか	電気	%	%	%
	ガス			
	水道水			
	ごみ			

＊参考資料（190 ～ 197 ページ）を参照にわが家のエコ度を計りましょう。居住する自治体が掲載されていればその数値と、掲載がなければ全国平均と比較して下さい。

項目／数値	電気		ガス		水道		ごみ	
	一般	わが家	一般	わが家	一般	わが家	一般	わが家
使用量（kWh ㎥）								
料金（円）								
重さ（kg）								

使用量に影響した事情

評価と反省

自己監査のための参考資料

（作成・山田國廣）

家族数別および地域別、都市別の電気、ガス、水道料金の１カ月平均値

＊これらの料金と環境家計簿の年間月平均値とを比較して下さい。
＊都市ガス、ＬＰガスのみの家庭はそのまま比較して下さい。両方使用している家庭では合計料金で比較して下さい。

北海道

項目＼家族数	１人	２人	３人	４人	５人	６人	７人
電気料金（円）	4,106	6,385	7,915	9,239	10,535	11,931	13,411
ガス料金（円）	2,251	3,454	4,128	4,565	4,911	5,267	5,647
水道料金（円）	1,525	2,682	3,656	4,548	5,416	6,281	7,160

札幌市

項目＼家族数	１人	２人	３人	４人	５人	６人	７人
電気料金（円）	4,019	6,326	7,862	9,195	10,313	11,680	13,129
ガス料金（円）	2,752	4,223	5,047	5,582	6,007	6,442	6,908
水道料金（円）	1,940	3,411	4,650	5,784	6,888	7,987	9,108

東北

項目＼家族数	１人	２人	３人	４人	５人	６人	７人
電気料金（円）	4,365	6,788	8,415	9,822	1,1200	12,684	14,258
ガス料金（円）	2,908	4,463	5,534	5,899	6,348	6,808	7,300
水道料金（円）	1,758	3,091	4,215	5,242	6,243	7,241	8,255

仙台市

項目＼家族数	１人	２人	３人	４人	５人	６人	７人
電気料金（円）	4,408	6,856	8,498	9,919	11,311	12,810	14,399
ガス料金（円）	3,221	4,943	5,908	6,534	7,030	7,541	8,045
水道料金（円）	1,724	3,032	4,233	5,140	6,122	7,100	8,093

関東

項目＼家族数	１人	２人	３人	４人	５人	６人	７人
電気料金（円）	4,582	7,124	8,831	10,308	11,755	13,312	14,964
ガス料金（円）	3,502	5,373	6,421	7,101	7,640	8,194	8,785
水道料金（円）	1,857	3,265	4,451	5,537	6,594	7,647	8,717

東京都（区部）

項目＼家族数	１人	２人	３人	４人	５人	６人	７人
電気料金（円）	4,711	7,326	9,081	10,600	12,087	13,689	15,387
ガス料金（円）	3,284	5,038	6,021	6,659	7,165	7,685	8,289
水道料金（円）	2,255	3,966	5,407	6,725	8,010	9,289	10,589

北陸

項目＼家族数	1人	2人	3人	4人	5人	6人	7人
電気料金（円）	4,971	7,728	9,579	11,180	12,750	14,442	16,233
ガス料金（円）	3,001	4,604	5,502	6,084	6,545	7,020	7,525
水道料金（円）	1,889	3,322	4,530	5,632	6,710	7,782	8,869

東海

項目＼家族数	1人	2人	3人	4人	5人	6人	7人
電気料金（円）	4,581	5,124	8,829	10,304	11,750	13,308	14,966
ガス料金（円）	3,284	5,038	6,021	6,660	7,165	7,686	8,239
水道料金（円）	1,608	2,828	3,855	4,796	5,710	6,624	7,546

名古屋市

項目＼家族数	1人	2人	3人	4人	5人	6人	7人
電気料金（円）	4,279	6,654	8,250	9,624	10,980	12,432	13,979
ガス料金（円）	3,252	4,990	5,964	6,596	7,095	7,614	8,162
水道料金（円）	1,874	3,296	4,491	5,588	6,655	7,716	8,799

近畿

項目＼家族数	1人	2人	3人	4人	5人	6人	7人
電気料金（円）	4,711	7,326	9,081	10,600	12,085	13,692	15,386
ガス料金（円）	2,815	4,318	5,160	5,708	6,140	6,588	7,063
水道料金（円）	1,641	2,886	3,933	4,892	5,825	6,756	7,707

大阪市

項目＼家族数	1人	2人	3人	4人	5人	6人	7人
電気料金（円）	4,971	7,730	9,582	11,183	12,755	14,442	16,233
ガス料金（円）	3,378	5,184	6,195	6,852	7,195	7,908	8,477
水道料金（円）	1,326	2,332	3,180	3,956	4,710	5,460	6,230

中国

項目＼家族数	1人	2人	3人	4人	5人	6人	7人
電気料金（円）	4,798	7,461	9,248	10,195	12,309	13,940	15,670
ガス料金（円）	2,533	3,886	4,644	5,136	5,526	5,926	6,354
水道料金（円）	1,359	2,390	3,258	4,053	4,827	5,598	6,382

広島市

項目＼家族数	1人	2人	3人	4人	5人	6人	7人
電気料金（円）	4, 322	6, 721	8, 832	9, 725	11, 089	12, 559	14, 117
ガス料金（円）	3, 345	5, 133	6, 134	6, 783	7, 299	7, 828	8, 393
水道料金（円）	1, 542	2, 712	3, 697	4, 599	5, 477	6, 351	7, 241

四国

項目＼家族数	1人	2人	3人	4人	5人	6人	7人
電気料金（円）	5, 144	7, 999	9, 915	11, 573	13, 197	14, 945	16, 799
ガス料金（円）	2, 407	3, 693	4, 414	4, 881	5, 252	5, 633	6, 039
水道料金（円）	1, 326	2, 332	3, 179	3, 955	4, 710	5, 463	6, 228

高松市

項目＼家族数	1人	2人	3人	4人	5人	6人	7人
電気料金（円）	4, 625	7, 192	8, 915	10, 406	11, 866	13, 438	15, 105
ガス料金（円）	2, 627	4, 031	4, 818	5, 328	5, 733	6, 149	6, 593
水道料金（円）	1, 459	2, 566	3, 498	4, 351	5, 182	6, 010	6, 852

九州

項目＼家族数	1人	2人	3人	4人	5人	6人	7人
電気料金（円）	4, 279	6, 654	8, 249	9, 628	10, 979	12, 433	13, 976
ガス料金（円）	2, 814	4, 319	5, 161	5, 708	6, 141	6, 587	7, 062
水道料金（円）	1, 492	2, 624	3, 577	4, 449	5, 299	6, 146	7, 006

福岡市

項目＼家族数	1人	2人	3人	4人	5人	6人	7人
電気料金（円）	4, 452	6, 923	8, 682	10, 017	11, 422	12, 936	14, 540
ガス料金（円）	3, 439	5, 277	6, 307	6, 975	7, 506	8, 050	8, 631
水道料金（円）	1, 890	3, 323	4, 530	5, 635	6, 711	7, 783	8, 872

沖縄

項目＼家族数	1人	2人	3人	4人	5人	6人	7人
電気料金（円）	3, 804	6, 658	8, 002	9, 098	10, 163	11, 347	12, 631
ガス料金（円）	2, 314	3, 551	4, 245	4, 694	5, 051	5, 417	5, 808
水道料金（円）	1, 940	3, 411	4, 650	5, 784	6, 888	7, 989	9, 107

2000年　家族数別　電気代（円／月）

	1人	2人	3人	4人	5人	6人	7人	8人
1月	5301	8551	10623	12057	13185	14200	15210	16272
2月	5450	8792	10921	12396	13556	14599	15638	16730
3月	5192	8376	10404	11809	12914	13908	14897	15938
4月	4803	7748	9625	10924	11946	12866	13781	14744
5月	4260	6871	8535	9688	10594	11410	12222	13075
6月	3658	5900	7329	8319	9097	9797	10494	11227
7月	3789	6112	7592	8618	9424	10149	10871	11631
8月	4945	7976	9908	11246	12298	13245	14187	15178
9月	5149	8305	10317	11710	12806	13791	14773	15804
10月	4650	7500	9317	10575	11564	12454	13341	14272
11月	3966	6398	7947	9020	9864	10623	11379	12174
12月	4319	6966	8654	9822	10741	11568	12391	13256
平均	4623	7458	9264	10515	11499	12384	13265	14192

2000年　家族数別　電力消費量（kWh）

	1人	2人	3人	4人	5人	6人	7人	8人
1月	220.9	356.3	442.6	502.4	549.4	591.7	633.8	678.0
2月	227.1	366.3	455.0	516.5	564.8	608.3	651.6	697.1
3月	216.3	349.0	433.5	492.1	538.1	579.5	620.7	664.1
4月	200.1	322.8	401.0	455.2	497.8	536.1	574.2	614.3
5月	177.5	286.3	355.6	403.7	441.4	475.4	509.2	544.8
6月	152.4	245.8	305.4	346.6	379.0	408.2	437.3	467.8
7月	157.9	254.7	316.4	359.1	392.7	422.9	453.0	484.6
8月	206.0	332.3	412.8	468.6	512.4	551.9	591.1	632.4
9月	214.5	346.1	429.9	487.9	533.6	574.6	615.5	658.5
10月	193.7	312.5	388.2	440.6	481.8	518.9	555.9	594.7
11月	165.3	266.6	331.1	375.9	411.0	442.6	474.1	507.3
12月	179.9	290.3	360.6	409.8	447.5	482.0	516.3	552.3
平均	192.6	310.8	386.0	438.1	479.1	516.0	552.7	591.3

＊1 kwhは24円。

2000年　家族数別　ガス代（円／月）

	1人	2人	3人	4人	5人	6人	7人	8人
1月	3683	5773	6946	7625	8066	8418	8767	9157
2月	3839	6016	7239	7946	8405	8773	9137	9543
3月	3895	6105	7346	8063	8529	8902	9271	9683
4月	3584	5618	6759	7420	7848	8192	8531	8910
5月	3329	5217	6278	6891	7289	7608	7924	8276
6月	2842	4455	5360	5884	6224	6496	6766	7066
7月	2541	3982	4792	5260	5564	5807	6048	6317
8月	2381	3732	4490	4929	5214	5442	5668	5919
9月	2118	3320	3994	4385	4638	4841	5042	5266
10月	2238	3507	4220	4633	4900	5114	5326	5563
11月	2571	4030	4849	5323	5630	5876	6120	6392
12月	3186	4994	6009	8596	6977	7282	7584	7921
平均	3017	4729	5690	6246	6607	6896	7182	7501

2000年　家族数別　ガス消費量（都市ガス、㎥／月）

	1人	2人	3人	4人	5人	6人	7人	8人
1月	20.7	32.4	39.0	42.8	45.3	47.3	49.3	51.4
2月	21.6	33.8	40.7	44.6	47.2	49.3	51.3	53.6
3月	21.9	34.3	41.3	45.3	47.9	50.0	52.1	54.4
4月	20.1	31.6	38.0	41.7	44.1	46.0	47.9	50.1
5月	18.7	29.3	35.3	38.7	41.0	42.7	44.5	46.5
6月	16.0	25.0	30.1	33.1	35.0	36.5	38.0	39.7
7月	14.3	22.4	26.9	29.6	31.3	32.6	34.0	35.5
8月	13.4	21.0	25.2	27.7	29.3	30.6	31.8	33.3
9月	11.9	18.6	22.4	24.6	26.1	27.2	28.3	29.6
10月	12.6	19.7	23.7	26.0	27.5	28.7	29.9	31.3
11月	14.4	22.6	27.2	29.9	31.6	33.0	34.4	35.9
12月	17.9	28.1	33.8	37.1	39.2	40.9	42.6	44.5
平均	17.0	26.6	32.0	35.1	37.1	38.7	40.3	42.1

2000 年　家族数別　ガス消費量（プロパンガス、m^3／月）

	1人	2人	3人	4人	5人	6人	7人	8人
1月	8.5	13.3	16.0	17.5	18.5	19.4	20.2	21.1
2月	8.8	13.8	16.6	18.3	19.3	20.2	21.0	21.9
3月	9.0	14.0	16.9	18.5	19.6	20.5	21.3	22.3
4月	8.2	12.9	15.5	17.1	18.0	18.8	19.6	20.5
5月	7.7	12.0	14.4	15.8	16.8	17.5	18.2	19.0
6月	6.5	10.2	12.3	13.5	14.3	14.9	15.6	16.2
7月	5.8	9.2	11.0	12.1	12.8	13.3	13.9	14.5
8月	5.5	8.6	10.3	11.3	12.0	12.5	13.0	13.6
9月	4.9	7.6	9.2	10.1	10.7	11.1	11.6	12.1
10月	5.1	8.1	9.7	10.6	11.3	11.8	12.2	12.8
11月	5.9	9.3	11.1	12.2	12.9	13.5	14.1	14.7
12月	7.3	11.5	13.8	15.2	16.0	16.7	17.4	18.2
平均	6.9	10.9	13.1	14.4	15.2	15.9	16.5	17.2

*都市ガス（ＬＮＧ）……１ m^3 あたり 178 円
　プロパンガス（ＬＰＧ）……１ m^3 あたり 435 円

2000 年　家族数別　上下水道使用量（㎥）

	1人	2人	3人	4人	5人	6人	7人	8人
1月	8.2	14.9	20.5	25.7	30.6	35.4	40.3	45.1
2月	8.0	14.4	19.9	24.9	29.7	34.4	39.1	43.8
3月	8.9	16.0	22.2	27.8	33.1	38.3	43.5	48.8
4月	8.0	14.4	19.8	24.8	29.6	34.3	38.9	43.6
5月	7.9	14.3	19.7	24.7	29.4	34.0	38.7	43.4
6月	9.0	16.2	22.4	28.0	33.4	38.7	44.0	49.3
7月	8.2	14.7	20.4	25.5	30.4	35.2	40.0	44.8
8月	8.9	16.0	22.0	27.6	32.9	38.1	43.2	48.5
9月	8.6	15.4	21.3	26.7	31.8	36.8	41.9	46.9
10月	9.2	16.5	22.8	28.6	34.0	39.4	44.8	50.2
11月	8.9	16.0	22.1	27.6	32.9	38.1	43.3	48.5
12月	8.4	15.2	21.0	26.3	31.3	36.3	41.2	46.2
平均	8.5	15.3	21.2	26.5	31.6	36.6	41.6	46.6

2000 年　家族数別　上下水道使用料金（円）

	1人	2人	3人	4人	5人	6人	7人	8人
1月	1731	3119	4309	5394	6427	7441	8454	9476
2月	1681	3028	4184	5237	6240	7225	8208	9201
3月	1870	3370	4656	5828	6944	8040	9135	10239
4月	1674	3016	4168	5217	6216	7196	8177	9165
5月	1663	2996	4140	5182	6174	7149	8122	9104
6月	1890	3405	4705	5889	7017	8124	9230	10346
7月	1719	3097	4280	5357	6382	7390	8396	9411
8月	1859	3350	4629	5793	6903	7992	9080	10178
9月	1800	3243	4481	5609	6683	7738	8792	9854
10月	1925	3468	4792	5998	7146	8274	9401	10537
11月	1860	3351	4631	5796	6906	7995	9084	10182
12月	1771	3191	4410	5519	6576	7614	8651	9697
平均	1787	3220	4449	5568	6635	7681	8727	9783

＊2000 年上下水道料金……210 円／㎥

2000年　家族数別　ごみ排出　重量（kg）

	1人	2人	3人	4人	5人	6人	7人	8人
1月	39.2	61.5	74.0	81.2	85.9	89.7	93.4	97.5
2月	34.2	53.7	64.6	70.9	75.0	78.3	81.5	85.1
3月	42.8	67.1	80.7	88.6	93.7	97.8	101.9	106.4
4月	40.6	63.6	76.5	84.0	88.8	92.7	96.6	100.9
5月	38.6	60.6	72.9	80.0	84.6	88.3	92.0	96.1
6月	37.2	58.3	70.1	77.0	81.4	85.0	88.5	92.4
7月	40.6	63.7	76.6	84.1	89.0	92.9	96.7	101.0
8月	39.4	61.8	74.3	81.6	86.3	90.1	93.8	98.0
9月	36.3	56.9	68.5	75.2	79.5	83.0	86.5	90.3
10月	38.0	59.6	71.7	78.7	83.2	86.9	90.5	94.5
11月	36.7	57.6	69.3	76.1	80.5	84.0	87.5	91.3
12月	46.8	73.4	88.3	96.9	102.5	107.0	111.4	116.4
平均	39.2	61.5	74.0	81.2	85.9	89.6	93.3	97.5

2000年　家族数別　ごみ排出　袋の数

	1人	2人	3人	4人	5人	6人	7人	8人
1月	7.8	12.3	14.8	16.2	17.2	17.9	18.7	19.5
2月	6.8	10.7	12.9	14.2	15.0	15.7	16.3	17.0
3月	8.6	13.4	16.1	17.7	18.7	19.6	20.4	21.3
4月	8.1	12.7	15.3	16.8	17.8	18.5	19.3	20.2
5月	7.7	12.1	14.6	16.0	16.9	17.7	18.4	19.2
6月	7.4	11.7	14.0	15.4	16.3	17.0	17.7	18.5
7月	8.1	12.7	15.3	16.8	17.8	18.6	19.3	20.2
8月	7.9	12.4	14.9	16.3	17.3	18.0	18.8	19.6
9月	7.3	11.4	13.7	15.0	15.9	16.6	17.3	18.1
10月	7.6	11.9	14.3	15.7	16.6	17.4	18.1	18.9
11月	7.3	11.5	13.9	15.2	16.1	16.8	17.5	18.3
12月	9.4	14.7	17.7	19.4	20.5	21.4	22.3	23.3
平均	7.8	12.3	14.8	16.2	17.2	17.9	18.7	19.5

＊1人1日の平均ごみ排出量＝773g

おわりに

山田國廣さんの『1億人の環境家計簿』(藤原書店、一九九六年)は、環境家計簿の基礎的な知識を網羅した一冊です。私の本は、いわば、その初心者向けの入門篇として書きました。

また、入門篇である拙著を書くにあたって、『1億人の環境家計簿』をテキストにして、環境家計簿運動を行い、一歩一歩、継続の成果を積み上げていかれた関西生協連からは、たくさんの経験と知恵を寄せていただきました。

山田さんの理論と、関西生協連の経験をもとにして、この本は誕生しました。どちらからも、貴重な資料を、お快く提供していただきました。どうもありがとうございました。

水の環境家計簿の章では、水問題の運動仲間でもある自治労の加藤英一さんが作成された緻密な調査資料を使わせていただきました。

また電化製品の性能については、(財)省エネルギーセンター発行の『省エネ性能カタログ』に負うところが大でした。

この本を読まれた方が、環境家計簿をつけてみようかな、と思って下さることが筆者としての何よりの願いです。そして、この本の中にも書いたように、「知ったことを実行に移す」、今月から記録表につけ始めて下さることを期待しています。

つけて見たら、思いがけないプラスの発見があった、という声が聞かれる環境家計簿です。

その反面、めんどうくさくて、なかなかできない、というご意見もありました。本格的な環境家計簿は、家族全員で話し合って方針を立て、家族のエコ度をチェックし、環境配慮行動のマニュアルを決め、実績を計算し、そして、そのすべてを記録しなければなりません。

慣れてしまえば何のことはないのですが、ものを書く習慣がないとか、家族の中に環境に関心がなく協力しない者がいたりすると、やるのがおっくうになり、「めんどうくさい」と弱音が出るでしょう。

何のかの言っていても、何もしなければ始まらない、環境家計簿を知っていても、つけなきゃ何の役にも立たない、とにかくやってみる気になれるテキスト的なものをつくろうと思いました。

そこで、初めから本格的につけなくていいように、手慣らしのための初級コースを考案してみたのです。

この、だれでもかんたんにつけられる初級の環境家計簿が、この本の特色です。かんたんといっても、環境家計簿のエッセンスはきちんと備えています。

環境家計簿に託す私の願いは、日本の消費者が大きく強く成長するための、役に立つ利器になってほしいということです。

経済社会の真っ只中、どんなことでも経済性がなければ発展も定着もしないでしょう。ＩＳＯ一四〇〇〇の認証は、環境だけでなく経済にも利があるとわかって、取り組む企業が増えています。

同じように環境家計簿をつけると、家計がトクします。

また、節電や節水のように、直接支払うお金が節約できてトクする場合だけでなく、少し高価でも添加物や農薬の少ない食べ物を食べることによって、健康が保たれ、精神的な安定も得られ、医薬費も少なくてすみ、家族が幸せに暮らせるという間接的なトクもあります。

もう二十年以上前のことですが、私は有機農作物の産直運動の団体に入りました。農薬や化学肥料の少ない作物が、食卓の三分の一を占めるようになったとたん、私は季節の変わり目ごとに罹っていた風邪と無縁になりました。

節電や節水で小手調べできたら、食べ物やクルマなど自分流のテーマ（目的）の環境家計簿にチャレンジして下さい。つくり方は、これまでにつけた様式を参考に、工夫しましょう。

藤原書店の藤原良雄様には、この度は何かとお世話をおかけ致しました。

藤原書店は、『下水道革命』『ゴルフ場亡国論』『1億人の環境家計簿』と、ずっとイラストでのお付き合いをさせていただいて、今回が藤原さんからの著者としての初デビューになりました。イラストレーターでもない私は、前の三冊とも、こんなイラストでいいのかな、と怪訝なままに描き、読者の書評でイラストにも目を留めて下さった方があることを知ってホッとしました。イラストと同じように、文の方も目を留めて下さる方があればたいへん幸いです。

本間　都

二〇〇一年八月一日

著者紹介

本間　都（ほんま・みやこ）
1935年香川県出身。京都学芸大学（現京都教育大学）卒。現在、関西水系連絡会事務局長、京都精華大学講師。著書に『だれにもわかるやさしい飲み水の話』(1987)『だれにもわかるやさしい下水道の話』(1988)『グリーンコンシューマー入門』（以上北斗出版、1997)『あっ危ない生活環境』（駿河台出版社、1996）など、共著に『合併浄化槽入門』（北斗出版、1995)『地球環境の事典』（三省堂、1992)『日本トイレ博物誌』(INAX、1990）などがある。

だれでもできる 環境家計簿
——これで、あなたも“環境名人”

2001年9月30日　初版第1刷発行©

著者　本間　都

発行者　藤原良雄

発行所　株式会社　藤原書店

〒162-0041　東京都新宿区早稲田鶴巻町523
TEL　03（5272）0301
FAX　03（5272）0450
振替　00160-4-17013

印刷・製本　美研プリンティング

落丁本・乱丁本はお取り替えします
定価はカバーに表示してあります

Printed in Japan
ISBN4-89434-248-0

「環境の世紀」に向けて放つ待望のシリーズ

シリーズ 21世紀の環境読本（全六巻 別巻一）

ＩＳＯ14000から環境ＪＩＳへ

山田國廣　　Ａ５並製　予平均250頁　各巻予2500円

1　環境管理・監査の基礎知識
　Ａ５並製 192頁 1942円（1995年7月刊）
　◇4-89434-020-8

2　エコラベルとグリーンコンシューマリズム
　Ａ５並製 248頁 2427円（1995年8月刊）
　◇4-89434-021-6

3　製造業、中小企業の環境管理・監査
　Ａ５並製 296頁 3107円（1995年11月刊）
　◇4-89434-027-5

4　地方自治体の環境管理・監査（続刊）

5　ライフサイクル・アセスメントと
　グリーンマーケッティング

6　阪神大震災に学ぶリスク管理手法

別巻　環境監査員および環境カウンセラー入門

環境への配慮は節約につながる

1億人の環境家計簿

（リサイクル時代の生活革命）

山田國廣　イラスト＝本間都

標準家庭（四人家族）で月３万円の節約が可能。月一回の記入から自分のペースで取り組める、手軽にできる環境への取り組みを、イラスト・図版約二百点でわかりやすく紹介。環境問題の全貌を〈理論〉と〈実践〉から理解できる、全家庭必携の書。

Ａ５並製　二二四頁　一九〇〇円
（一九九六年九月刊）
◇4-89434-047-X

「循環科学」の誕生

環境革命 Ⅰ入門篇

（循環科学としての環境学）

山田國廣

危機的な環境破壊の現状を乗り越え、「持続可能な発展」のために具体的にどうするかを提言。様々な環境問題を、「循環」の視点で総合把握する初の書。理科系の知識に弱い人にも、環境問題を科学的に捉えるための最適な環境学入門。著者待望の書き下し。

Ａ５並製　二三二頁　二一三六円
（一九九四年六月刊）
◇4-938661-94-2